人性心理学

如果漏读人性，成功总是差一步

王溢嘉 / 著

台海出版社

图书在版编目（CIP）数据

人性心理学 / 王溢嘉著 . -- 北京：台海出版社，2019.5（2022.9 重印）
ISBN 978-7-5168-2321-7

Ⅰ . ①人… Ⅱ . ①王… Ⅲ . ①心理学—通俗读物 Ⅳ . ① B84-49

中国版本图书馆 CIP 数据核字（2019）第 066878 号

著作权合同登记号 图字：01-2019-1180

人性心理学
著　　者：王溢嘉

责任编辑：王慧敏　贾风华　　　　装帧设计：仙境
责任印制：蔡　旭
版权支持：锐拓传媒 copyright@rightol.com

出版发行：台海出版社
地　　址：北京市东城区景山东街 20 号　邮政编码：100009
电　　话：010 — 64041652（发行，邮购）
传　　真：010 — 84045799（总编室）
网　　址：www.taimeng.org.cn/thcbs/default.htm
E - mail：thcbs@126.com

经　　销：全国各地新华书店
印　　刷：三河市嘉科万达彩色印刷有限公司
本书如有破损、缺页、装订错误，请与本社联系调换

开　　本：880 毫米 × 1230 毫米　1/32
字　　数：180 千字
印　　张：8.5
版　　次：2019 年 7 月第 1 版
印　　次：2022 年 9 月第 2 次印刷
书　　号：ISBN 978-7-5168-2321-7
定　　价：49.80 元

序 言

认识自己，了解他人的新视窗

本书是由我在《南方都市报》的每日专栏《人性探微》结集而成。在报纸刊登时，因限于篇幅，每篇只有七百字，如今出书，为了使论述更周延，每篇扩增为九百字。

很多人都说:“人在江湖，身不由己。”什么是“江湖”？它其实是“社会”的古典说法。那为什么会“身不由己”呢？因为大家认为置身于社会中，就会受到各种人情义理、礼法规范的羁绊，不得不衡量许多前因后果、利害得失，从而言不由衷、行不合意，做出自觉不想做或让别人感到讶异的事来。但这似乎太抬举“江湖”了，其实，一个人在某个社会情境下会有什么反应，主要根据他的思想、情绪、态度、经验、期待去进行判断、拟定策略、做出选择，而这一系列的过程，通常称为“人性的表现”。换句话说，“江湖”只是我们展现“人性”的场域，一个人会有什么表现和反应，主要并非“为人所役使”或“为事所役使”，而是出于自己的“人性反应”。

观察是了解人性的不二法门。江湖非常辽阔，人性也非常多样，为了让读者能做较有系统的了解，我将观察人性的社会情境分为十大类（自我认知、解读他人、生命辩解、社会竞逐、说服策略、团体压力、利益得失……），每类再细分为十余个子题，每个子题都提供两种观察：一是观照中国某一特殊个人（譬如古代的李世民、苏东坡，现代的徐志摩、公交车乘客，小说里的林黛玉、韦小宝）在某个特殊情境中的个别反应，一是介绍西方心理学界对人们在该特殊情境中最常见反应的研究成果，每篇都以“为什么”来提出并回答各种相关问题。这样兼容并蓄，除了希望扩大视野、增加阅读乐趣外，更在强调“人同此心，心同此理”，大多数人性表现都是没有中西分别的，是古今相互辉映的。

透过这些社会万花筒，大家将看到各种可贵的、可敬的、可怜的、可怕的、可笑的、可取的人性。洞悉这些人性，不仅是为了了解别人，更是为了认识自己。就像江湖险恶般，在层层剖析下，大家可能会发现，很多所谓的“人性”其实都建立在错觉和幻象之上，这可能是人性最大的特征，也是它的盲点和弱点。但说这些，并不是要教大家如何利用它们来为自己“谋福利”，而是希望读者能因了解而省悟，挣脱这些“人性枷锁”，在重新踏入江湖时，不再受它们的束缚和凌虐。

王溢嘉

2008年4月

目录

CONTENTS

第一章 自我认知里的人性

第二章
解读他人时的人性

第三章
生命辩解下的人性

第四章
社会竞逐中的人性

第五章
人情好恶里的人性

第六章 说服策略里的人性

第七章 团体压力下的人性

第八章 情绪起伏时的人性

第九章 利益得失中的人性

第十章 水泥丛林里的人性

第一章

自我认知里的人性

君子自重：李鸿章为什么去拜访俾斯麦？

苏格拉底说，“认识你自己”，第一个要认识的就是被你高估的自己。

甲午战争后，北洋大臣李鸿章奉命出使西洋五国，其间有一个非常重要的私人行程，就是去拜访德国前首相俾斯麦。在抵达俄国时，他就写信给俾斯麦，表示“仰慕毕王声名三十余年”；在到德国拜会过德皇后，即专程到奥姆勒去见俾斯麦。李鸿章向他请教变革与强国之道，也彼此发了一些“被小人掣肘”的牢骚，两人惺惺相惜，相谈甚欢，最后还拍照留念。

凡事必有因，李鸿章会这样做，跟他的一个看法有关。人活在世上，最重要的一个看法是“我怎么看我自己？”也就是自我评价。李鸿章是一个极具争议性的人物，但不管说他“卖国求荣”或“力挽狂澜”，“昏庸无能”或“雄才大略”，这些都是别人的看法，重要的是李鸿章怎么看自己。

答案就在他专程去拜访俾斯麦这件事里。在李鸿章因剿平太平天国和捻军建立功勋，出任要职后，就有西方的外交官称许他是“东方的俾斯麦”，根据他出使欧洲时给俾斯麦的信、拜访俾斯麦时谈话的内容以及两人的合照等，我们更可以说，“东方的俾斯麦”就是李鸿章的自我评价。

自我评价就是“给自己打分数”，研究显示，大多数人都喜欢高估自己。有个实验说：心理学家找来二十五个彼此都有相当了解的熟人，请他们根据文雅、幽默、聪明、社交能力、卫生、魅力、自大、势利、粗鲁这九个项目，给每个人（包括自己）排名次。结果显示，每个人都高估了自己的优点，也低估了自己的缺点，差别只是程度而已。譬如有一个人将自己的文雅程度评为第一名，但其他二十四个人对他文雅程度的评价却名列第二十几名（平均）。还有一个人对自己聪明和魅力的品评都比别人所给的名次提前了六名，而对自己势利、自大和粗鲁程度的品评却比别人所给的名次后退了六名。

传闻李鸿章在见了俾斯麦后，曾得意地说有人称他是“东方的俾斯麦”，但俾斯麦听后却微笑回答可没有人说他是“欧洲的李鸿章”。这个传闻不仅讽刺，而且无情地点出了李鸿章把自己看成“东方的俾斯麦”，显然是高估了自己。

君子自重。每个人都应该要有正面的自我评价，但每个人也应该知道，那跟别人给你的评价有很大的差别。

天鹅效应：隋文帝为什么立杨广为太子？

自己的鹅，都是天鹅。自己所具备的特点，“就是”最有价值的，也是成就事情最重要的条件。

隋炀帝杨广荒淫无道，是历史上有名的昏君。但他在还没被立为太子前，给人的印象却是一个不近女色、生活简朴的人。他父亲隋文帝杨坚本来已立长子杨勇为太子，但因见杨勇多女宠，生活奢靡，所以毅然将他废黜，改立次子杨广为太子，谁知道杨广在当了皇帝后竟完全变了样。

姑不论杨广以前是否“装模作样”，重点是隋文帝为什么会改立他为太子？答案很简单，因为隋文帝杨坚本人就是个不近女色、生活简朴的人，他把自己的这种特质视为做一个好皇帝的重要条件。

多数人在评价自己时，除了会高估自己的优点、低估自己的缺点外，还会认为自己所具备的优点、能力或特质是特别珍贵、特别有价值的。譬如要成为一个杰出的大学生须具备什么条件呢？在学术方面，可能有数理逻辑、语文能力、创造力、分析能力等；在个人特质方面，可能有勤勉、合群、开朗、博爱……条件很多，人言人殊，难有定论。心理学家邓宁做过一个实验：请一群大学生根据一份调查表评估各种条件的重要性，然后又请他们顺便评估一下自己在这些条件中的表现。结果显示，大部分的学生都认为他们在学术能力及个人特质方面最优异的项目，就是成为一个杰出大学生最重要的条件。

英国有句谚语说“自己的鹅，都是天鹅”，类似中国古人所说的“家有敝帚，享之千金”。多数人都会认为自己所具备的特点“就是”成就某些事情最重要的条件，这种“天鹅效应”一再出现于我们对很多事情的看法中，譬如问开车的人：“行车安全最重要的条件是什么？”研究显示，认为自己开车很谨慎的驾驶员会说是“谨慎”，但认为自己开车技术很好的驾驶员则会说是“技术”。

这其实是另一种形式的自我高估和自我取悦。当然，认为自己的鹅都是“天鹅”，总比认为都是“呆头鹅”要来得好。但隋文帝杨坚的经验却也提醒我们，如果太看重自己所具备的特点，而以它们来作为评鉴他人的唯一标准，那可能就会犯下致命的错误。

本位主义：魏征为什么说守成比创业难？

个人的经验和角色，决定了我们对世界和问题的认知。

在《贞观政要》里，唐太宗问群臣："创建王业与守住王业何者艰难？"房玄龄回答："创业之初，与群雄并起，激烈角逐而使群雄臣服，所以是创业艰难。"魏征则说："自古以来，帝王的江山莫不是从艰难中得来，而在安逸中失去，所以是守成艰难。"唐太宗听后说："玄龄和我一起取得天下，九死一生，所以深知创业的艰难；魏征同我一起安定天下，常恐骄奢生于富贵，祸乱起于疏忽，所以深知守成的艰难。"

世界非常具体，问题只有一个，但每个人对世界和问题的认知却都不太一样，因为认知含有主观成分，它主要来自我们的经验和角色。虽然君臣谈的是创业与守成的问题，但房玄龄和魏征的经验、角色有别，结果对同一个问题就产生了不同的看法，而唐太宗对两人的评语则很生动地点出了我们在看世界和问题时的"认知本位主义"。

美国卡内基科技研究所曾以二十三名经理（销售部门六名、生产部门五名、财务部门四名、总务部门八名）为对象做过如下研究：要所有经理先阅读一份“卡斯田哥钢铁公司的问题”档案，该档案提供了大量的相关实际资料，但在叙述时巧妙避开了任何解释及评估。然后，研究者要每个经理回答“你认为卡斯田哥钢铁公司所面临的最重要问题——也就是公司新任总裁需最先处理的问题是什么？”结果显示，六名销售经理中有五名认为公司最重要的问题是销售问题，但其他十七名经理中却只有五名有这种看法；五个生产部门经理中有四名认为生产组织才是最重要的问题，但其他十八名经理中持相同看法的却只有四名。另外有三名经理认为人事才是最重要的问题，这三名经理都来自总务部门。

二十三名经理阅读的其实是同一份资料，但却从中看出不同的问题，这不只是“选择性认知”而已。在众多讯息中，他们所选择并赋予特殊意义的部分，充分反映了这些经理的“本位主义”，每个人都认为他负责的部门就是公司最重要的单位，也是问题与解决问题希望之所在。

在这个场合，魏征站在自己的“本位”发言并没有错，但我们更应该注意更早前他给唐太宗的“兼听则明”建议，就是这个建议，使唐太宗能“兼听”各种“本位”观点。

归因有别：崇祯皇帝为什么在煤山上吊？

对事情做扭曲性解释，是为了“自我服务”。

在历代的亡国之君中，明朝的崇祯皇帝下场最是凄凉。当李自成攻进北京时，崇祯要太监敲勤王的大钟，却无人回应，朝中大臣早已作鸟兽散。他仓皇逃出宫，陪着他的只有一名太监。在万念俱灰、走投无路下，崇祯最后在煤山的一棵槐树上吊，自杀殉国。他在自杀前所写的遗诏里说：“朕凉德藐躬，上干天咎，然皆诸臣误朕。”

祖宗传下的江山为什么会在自己手里丢掉？而且沦落到必须上吊自杀以求解脱？崇祯说他自己“凉德藐躬”只是过场话，重点是后面那句“然皆诸臣误朕”，一切都是朝中大臣的错，是他们害国家和我沦落到这步田地。从心理学来看，这是一种典型的“外在归因”。

所谓“外在归因”就是将事情的原委归于个人之外的因素（如他人、环境），而“内在归因”则是将它归于个人因素（如能力、努力）。其实，每件事情的成因都非常复杂，内外因素皆有，差别也许只在比例，但研究显示，对与己相关的事情，特别是不光彩的事情，我们会做较多的外在归因，譬如对自己的失败，有较多的人会说那是因为别人的掣肘、市场的变化等外在因素。但对成功之类光彩的事情，则有较多的人会说那是因为自己的聪明才智、努力等内在因素。为什么会对不同的事情做不同的归因呢？其实都是为了“自我服务”，也就是在满足、维护或强化自己的自尊。研究也显示，自尊心越强、越缺乏自省能力的人，对不光彩的事情就会做越多的外在归因，而崇祯皇帝很可能就是这种人。

就像很多历史学家所说，明朝的灭亡有很多原因，崇祯登基时接到的其实是一个烫手的山芋，客观来说，他很有心而且很努力地想要当一个好皇帝，但无可讳言地，他的刚愎自用、气量狭小、好猜忌、想大权独揽而又缺乏判断能力与自知之明，使他把自己跟文臣武将间的关系搞得非常紧张，在最后落得众叛亲离、自己孤独地走上灭亡之路时，犹愤恨不平地说“然皆诸臣误朕”，他依然看不见自己的过错。这是一个朝代的悲剧、崇祯个人的悲剧，也是人性的悲剧。

“认识你自己”，我们不只要认识被高估的自己，更要认识喜欢对事情做扭曲性解释的自己。

匹配理论：武大郎为什么会死于非命？

人在社会阶梯上找到自己的位置，并做出相配的选择。

潘金莲勾搭上西门庆，然后谋杀亲夫武大郎的故事，尽人皆知，也让很多男人在心里捏一把冷汗。潘金莲之所以这样做，除了本身水性杨花外，“所嫁非人”更是重要因素。潘金莲年轻貌美、多才多艺，而武大郎却又矮又丑、不解风情，夫妻俩怎么看都很“不搭”，难怪会变成怨偶，终至闹出人命来。

中国自古就有“齐大非偶”的说法，而现代的婚姻统计数据也显示，夫妻条件差太多的婚姻发生危机、导致不幸的概率的确比较大。这牵涉到心理学所说的“匹配理论”，虽然说多数人都会自我膨胀，把自己看得比实际的要来得好，但多数人多少也都有自知之明，会衡量自己的社会价值，然后去追求与此相配的东西。夫妻之所以互称为“配偶”，多少就代表了这个意思。

心理学家鲁宾做过一个实验：他要一群女大学生先评估

自己的迷人程度，然后向她们提供一份各种行业的男士名单，问她们有兴趣和哪些人约会。结果发现，多数女性都对能和高尚职业（医师、律师）的男士约会表示兴趣，而不想和低下职业（工友、门房）的男士约会，但姿色平庸的女性较“愿意接受”与中等职业（水电技工）的男士约会，而貌美的女士对此则显得“兴趣缺缺”。

心理学家奇斯勒则做了另一个实验：先让一群男大学生接受智力测验，然后告诉A组学生说结果显示他们的智力很高，而告诉B组的则是他们的表现很差。在接下来的咖啡时间，为每个受测学生引介一位女性（有半数非常迷人，半数不迷人），让两人单独相处。事后评估这些男学生对女性的浪漫程度（是否请对方喝咖啡或甜点、邀约以后再见面等），结果发现被告知在智力测验中得高分的A组学生，对迷人女性表现出较多的浪漫情怀（意料中事），而得分低的B组学生则对不迷人的女性表现出较多的浪漫情怀，对迷人的女性反而显得兴趣缺缺。

这就是“匹配理论”。每个人心中都有一把尺，用它来衡量自己的社会价值，然后选择与自己相配的对象或东西。“佳人”要配“才子”，当潘金莲被硬塞给武大郎时，一朵鲜花插在牛粪上，她心中的不满可想而知，而武大郎若是个有自知之明的聪明人，就要离潘金莲远一点，才不会惹上杀身之祸。

自我调控1：王安石为什么坚持变法却不洗脸？

自我调控性低，好的一面是有原则、可以信赖，坏的一面则是固执、不近人情。

北宋的王安石有两件事为后人所知，一是他的变法，想借整顿经济来强国富民，在遇到顽强的抗拒时仍坚持理想，"天命不足畏，众言不足从，祖宗之法不足用"，勇往直前，义无反顾，但最后变法失败，落得刚愎自用之讥。一是他有很多怪癖，譬如不修边幅、不洗脸，不注重生活享受，据说吃饭时只夹他面前的菜，不管那是什么菜；穿衣也是有得穿就好，不管那是什么衣服。

苏洵曾写过一篇《辨奸论》，说王安石如此不近人情，很可能是"大奸大恶"的一种迹象。但从现代心理学的角度来看，我们应该说王安石其实是一个"自我调控性"相当低的人。"自我调控性"意指一个人调整其内在渴望（或理念）

以符合社会情境要求的程度，研究显示，一个人自我调控性的高低有相当的一致性，我们可以从他的某一种行为（譬如不修边幅）推断他在另一范畴的可能表现（不讲究美食）。

当情境要求与个人理念发生冲突时，自我调控性低者较会坚持自己的理念，就好像文天祥所说的“世态便如翻覆雨，妾身元是分明月”，他较不会也不喜欢迎合外在需求，较不在意别人对自己的观感，不管情境如何变化，他都我行我素。从好的一面来看，自我调控性低者有原则、真诚、可以信赖，坏的一面则是固执、无感、适应力低、缺乏弹性、不知变通。

在生活细节方面，研究显示，自我调控性低者不太注重自己、交往人士、衣食住行用品的外在形象（是否名牌、美观等），他看重的是内在质量。与人交往，让他最感到不满的是别人对他人格的怀疑和批评。在面对挫折时，他不会到热闹的地方寻求刺激，而比较喜欢找知心的朋友来抚慰情绪。

在了解现代心理学的这些研究后，我们就知道为什么会说王安石是个自我调控性很低的人了。他对变法的坚持与失败，还有他那些不近人情的怪癖，其实是“一体的两面”，都是低自我调控性生动而具体的表现。在看似复杂而矛盾的行为表象后面，经常存在着一种更基本的人性特质。从自我调控的角度去观察，可以让我们对人有较全面的了解和掌握，王安石就是一个活生生的例子。

自我调控 2：洪承畴为什么会变节投降？

自我调控性高，好的一面是有弹性、知所变通，坏的一面则是像变色龙、难以信赖。

《啸亭杂录》记载：明末边防大将洪承畴在战败被俘后，皇太极派范文程到狱中去游说他投降，洪承畴一直破口谩骂，范文程只好转而和他谈些古今历史。闲谈间，范文程发现洪承畴一再用手拂去从屋梁掉落衣上的灰尘。他在回去禀报皇太极时，说："洪承畴不会死了！我看他对所穿的衣服都如此爱惜，何况是自己的性命呢？"后来，洪承畴果然投降归顺。

我们固然可以说范文程的判断是"见微知著"，但洪承畴的"一再用手拂去襟袖上的灰尘"，正表示他注重衣着和自己的外在形象，是现代心理学里所说"自我调控性"比较高的人。当情境要求与个人理念发生冲突时，高自我调控者通常会调整自己，放弃个人理念以迎合外在情境的要求。洪承畴刚开始也许没有要投降的意思，但后来看到大势已去，他也就不再坚持原先的想法，而对外在情境的要求妥协。

研究指出，高自我调控者喜欢将自己视为在人生舞台上扮演各种角色的演员，在不同的场合和不同的人面前会有不同的行为表现；他可以很严肃，但也可以很洒脱。从好的一面来看，高自我调控者富有弹性、知所变通、能满足人生各种角色的需求，而坏的一面则是易被认为虚伪、变色龙、机会主义者、不可信赖。

在生活细节上，高自我调控者较注重自己、交往人士，甚至所购买房子、车子、衣服的外观，务必要使其符合个人形象。凡是会损害个人外在形象的事物或批评，都让他深感挫折；在遇到不愉快时，他喜欢借换个环境来改变心情。

当然，这不是说喜欢穿名牌、开名车的人都会像洪承畴般成为“变色龙”或“机会主义者”，这里面有程度的问题。自我调控性的高低不仅因人而异，也会因事因时而异，调查显示，越是事关重大，就会有越多的人愿意牺牲个人理念来顺应情境的要求。另外，自我调控性也会随着年龄而降低，也就是说多数人在追求表现、想获得他人肯定的青壮时代，较会顺应外在环境的要求，但在年纪越大后，就越会听从自己内在的心意。洪承畴战败被俘时如果能老一点（当时他年方四十八岁），而且面对的不是生死抉择，那他的决定可能就会不一样。

和而不同：张爱玲为什么落落寡合？

太“与众不同”或“与众相同”都会让人感到不舒服。

“我是个古怪的女孩，从小被目为天才，除了发展我的天才外别无生存的目标。然而，当童年的狂想逐渐褪色的时候，我发现我除了天才的梦之外一无所有——所有的只是天才的乖僻缺点。”张爱玲在《我的天才梦》里的这段话，多少是她个人的写照。众所周知，张爱玲生命的大部分时候都是落落寡合的，而这很可能就是来自她所说的“天才的乖僻”。

现代人喜欢强调个人的独特性，表明自己的与众不同，问题是要不同到什么程度，还有在什么领域不同。心理学家施耐德的实验显示，当一个人发现他对很多问题的看法都与众不同（相异性高达95%）时，这种独特性（“天才的乖僻”也许就属于这类）不仅不会让他志得意满，反而会使之因此觉得形单影只，感到孤立甚至沮丧。但如果发现他对很多问题的看法都与众相同（相异性只有5%）时，那也会因面目模糊、缺乏自我特殊感而觉得不舒服。让多数人感到比较自在、惬意的是跟大家的看法部分相同部分不同（相异性为50%）的中间派。

更进一步的实验显示，发现自己看法非常与众不同的人，在接下来与他人的互动中，会开始迁就他人，意见变得跟他人比较相似。反之，看法非常与众相同的人，则会开始唱反调，意见变得跟别人很不一样。这表示，多数人其实都不喜欢自己太独特或太不独特，而喜欢向中间靠拢，因为这样才能让人感到安稳妥当。但天才是不会向中间靠拢，也不愿迁就别人的，这可能是他们的意见最后会变得特别珍贵与让人惊讶的原因，就像胡兰成在初识张爱玲时所说的那种“世界都要起六种震动”的独特性，在他心里扬起未有难以形容的惊艳。但这种独特性，这种天才的乖僻，也使得张爱玲一直落落寡合。

每一个人都因为与众不同而成为独特的个体，但也因与众相同而成为社会的一分子。比较理想的情况应该是在与众不同和与众相同间取得一个平衡点，既能保有个人的某些独特性，又能与众人有相当的共识，和大家有某种一体感。而这，大概也是孔子所说“君子和而不同”的现代含意。

天才的独特性不仅可望而不可即，而且会令人不舒服。其实，在人生的各个层面，只要有一半跟别人不一样，就已经很独特、很不错了。

自我反省：王阳明为什么说舜是不孝子？

因为自以为做得不够好，所以能够做得更好。

《传习录》里有如下一段记载：一对父子在兴讼互控对方后，又来请明朝大儒王阳明评理。王阳明话还没说完，父子就相抱痛哭而去。弟子好奇入内请教老师到底说了什么，居然能让他们这么快悔悟？王阳明说："我告诉他们舜是世间大不孝的儿子，而瞽叟（舜父）是世间大慈爱的父亲。"弟子听了一头雾水，王阳明解释说，"舜常自以为大不孝，所以能孝；瞽叟常自以为大慈，所以不能慈；瞽叟只记得舜是我从他孩提养大的，今天为什么不能取悦我、让我高兴？不知道自己的心已被后妻改变了，还自以为慈爱，结果就越不能慈爱；而舜只想父亲在我孩提时如何爱我，今日不爱我，只是因为我不能尽孝，每天反省自己所以不能尽孝处，结果就越能孝顺。"

尽人皆知，舜是中国古代有名的孝子，王阳明说"舜是世间大不孝子"，乍听之下的确让人相当错愕，但这指的其实是舜的“自我认知”。研究显示，人类思维的一大特点是“外向指涉性”，当事情——特别是不好的事情发生时，我们都是先从外面——环境或他人身上找原因，最后才会“反躬自省”；但即使是自我反省，也有很明显的“正向错觉”——对自己的优点看得很清楚，但却忽略自己可能的缺点。结果使得多数人缺乏所谓的“自知之明”。当瞽叟在后妻的挑拨下，与舜发生父子冲突时，瞽叟的反应跟多数人一样，把矛头指向对方——问题出在儿子身上；即使反躬自省，也认为自己是个“慈爱的父亲”，这样的认知当然使他对舜更加不满，父子冲突更加厉害。但舜在面对问题时却先反躬自省，而且认为那是因为自己“不够孝顺”引起的，在这种认知下，他对自己做更多的要求和改善，结果不仅化解了父子冲突，而且使他成为大孝子。

一个人要想改过，必须先知道自己有过；要想精益求精，必须先认识到自己不够精；这也是王阳明为什么说“舜常自以为大不孝，所以能孝；瞽叟常自以为大慈，所以不能慈”的原因。那对父子经过王阳明的开导后，能豁然醒悟、相抱痛哭而去，其实是相当明理的人；因为有很多人即使你对他的过错和缺点指证历历，他还是盛气凌人地坚决否认：“我哪有什么错？”对这种缺乏自知之明、没有丝毫自我反省能力的人，我们只能双手一摊，离他远一点。

谁与争锋：孔子为什么赞赏荣启期？

人有时候需“向下”比较，有时候则要“向上”比较。

《列子》里有个故事说，孔子游泰山时，在路上遇见一个叫荣启期的人，身上用绳子系着一张鹿皮权当衣服，边弹琴边唱歌，一副怡然自得的模样。孔子问他为什么这么快乐，荣启期回答：“吾乐甚多。天生万物，唯人为贵。而吾得为人，是一乐也。男女之别，男尊女卑，故以男为贵；吾既得为男矣，是二乐也。人生有不见日月、不免襁褓者，吾既已行年九十矣，是三乐也。”孔子听了说：“善乎！能自宽者也。”

一个人的自我观感，有很大成分来自与他人的比较。荣启期的模样形同乞丐，但却自觉非常快乐，因为他在和其他生物、女人、早夭者比较后，觉得自己“比上不足，比下有余”，所以也就心满意足了。孔子说他“能自宽”，就是哄自己开心，虽然有点阿Q，但这对不幸的人却有很大的心理安慰作用。

被宣判得了癌症是令人相当焦虑的不幸消息，心理学家伍德对乳癌病人的调查显示，病人除了“同病相怜”外，还会“同病相较”，而大多数病人都倾向于和“病情比自己严重”的病人做比较。个中原因就跟前面的荣启期一样，因为在比较之下，会觉得“自己虽然不幸，但却比对方幸运多了”，而让自己心里好过一点。同样的道理，和因病情严重而相当焦虑的病人做比较后，也可以“冲淡”自己的焦虑。

这也是“我一直为自己没有鞋子穿感到悲伤，直到我看到一个没有脚的人”这句谚语的意思，当我们自觉不幸、痛苦、焦虑时，喜欢看到比我们更不幸、痛苦、焦虑的人，这说来虽然有点残酷，但却也是人性使然。

不过除了“向下”比较外，人其实也经常“向上”比较。心理学家泰勒的研究显示，癌症病人在想“安慰”自己时，会和情况比自己糟糕的病人做比较；但在想给自己“希望”时，则喜欢和康复情况良好的病人打交道，交换对抗癌症的心得，因为这些病人抗癌成功的故事和经验，成了让他们保持积极、乐观和希望的最佳榜样，能激励他们朝“有为者亦若是”的光明前途迈进。

人活在世上，总是难免要和人做比较。但比较绝不能是单向的，有些情况需“向下”比较，另一些情况则要“向上”比较，这样才是符合人性而又聪明的做法。

界定自我：欧阳锋为什么问“我是谁？”

应该将“我”放在“二十个篮子里”。

在《射雕英雄传》里，武林群英在华山论剑，黄蓉利用诡计将西毒欧阳锋逼疯，而让他一再失神自问：“我是谁？”金庸形容他“侧头苦苦思索，但脑中混乱一团，愈要追寻自己是谁，愈是想不明白”，最后还逢人就问：“我是谁？”有人因此而称欧阳锋是《射雕英雄传》里的哲学家。

凡是有点哲学思考的人都会问：“我是谁？”但多数人又都不够哲学，通常在刚刚发问不到一分钟，就又转头去做别的事情；再次发问也许已是两年或十年后的事。其实，回答“我是谁？”就等于回答了人生最基本也最重要的问题。但多数人一生花在思考和回答这个问题上的时间可能不会超过三个钟头，说起来实在有点荒谬。真正的症结不是大家没兴趣去想，而是想得不太对。基于人类思维的特性，多数人不是想用一句简单的话作出结论（譬如“我是个混球”），就是找不到一个恰当的形容或定义，但这都犯了想“将我放在一个篮子里”的谬误。

“我是谁？”不只是个哲学问题，更是个心理学问题、人性问题。这个问题何等重要，你不能只将它放在一个篮子里，而至少要将它放在二十个篮子里。心理学家为了了解一个人的自我概念，通常会请他完成“我是 ______”这样的句子。但不是填进一个词，而是填进二十个词句。从每个人所完成的句子里，譬如“我是知识分子”“我是梦想家”“我是贤妻良母”“我是不见棺材不落泪”“我是孤独的”……不只可以看出一个人如何界定自我，还可以看出其他讯息。

譬如“我是梦想家”主张个人的特殊性，“我是贤妻良母”强调与他人的关联性，“我是不见棺材不落泪”在说明主观个性，“我是孤独的”在描绘心情基调。有些人认为要对“我”做出二十个不同的描述相当困难，但有些人却觉得意犹未尽。研究显示，一个人能做越多样的自我描述，表示他的自我概念越复杂，生活越多彩多姿，生命的根基越深厚，越不会在风雨中飘摇，进退失据。

想要“认识你自己”，那就先回答“我是谁？”拿出纸和笔写出二十个答案。它们就好像你生命舆图里的二十个定位点，不仅能让你更清楚、更具体地看到你的自我概念，而且可以用来修正你的人生航向。

展现真我：陶渊明为什么要辞官归田？

护卫自我概念是比得到别人赞赏更大的心理渴望。

公元 405 年，刚做了八十几天彭泽令的陶渊明，因为不愿意束带见督邮，“为五斗米折腰向乡里小儿”，而辞官归田，并写下有名的《归去来兮辞》。其实，年轻时的陶渊明胸怀“大济苍生”的抱负，颇想有一番作为，从二十九岁起，十三年间断断续续做过一些小官，但总是在官场的腐败与真我的渴望间痛苦挣扎、来来去去，最后在四十一岁时选择回归本性，展现真我，“实迷途其未远，觉今是而昨非”，躬耕田园，终生不再出仕。

我们每个人都有好几个“我”，它们经常处于冲突状态。陶渊明在官场上的“社会我”或“假我”，跟他私底下的“心理我”或“真我”格格不入，刚开始时，多数人也都会像他一样，为了更远大的目标而做些必要的自我调控。有一项研究显示，大多数女孩子在初次约会时，如果喜欢对方的话，那么在吃东西时就会吃得比自己真正的食量小，以显示自己是个“淑女”。这种自我调控或自我扭曲无伤大雅，而且很正常。但如果扭曲自我的程度太大、时间太长，那就另当别论。

陶渊明的抉择让人想起美国女性主义者格洛丽亚·斯泰纳姆的一段情，格洛丽亚说有一次她和一个不错的男人坠入情网，刚开始时，为了让对方开心，她尽量淡化自己，并强化对方想要的“特质”。但原本非常美妙的恋爱却让她越来越觉得不对劲，因为和那个男子谈恋爱的并非真正的“她”，如果恋情要继续，她就必须保持不是她的样子。这让她难堪，所以她挥剑斩情丝，毅然离开那名男子，恢复她“真正的自己”。

虽然每个人都希望能给人良好的印象，但更希望能给人正确的印象，因为我们渴望能以“真正的自己”（真我）活着。所以，在人际关系中，当别人对我们的印象或要求和我们的自我概念发生严重的持续性冲突时，多数人都会起来护卫自己的自我概念。研究显示，一位自认为“前卫”的女性，在和认为她是“传统”女性的人互动时，就会表现得特别“前卫”，借以“纠正”对方对自己的错误看法。反之，自认为“传统”的女性，若被对方误认为“前卫”，那就会表现得更“传统”，以护卫自己的自我概念。

虽然古今殊异，男女有别，但陶渊明和格洛丽亚都在告诉我们，护卫自我概念是比得到别人赞赏更大的心理渴望。

第二章

解读他人时的人性

投射作用：林黛玉为什么会猜忌他人？

我们对他人的看法，通常只是在反映个人的心思。

在大观园里，林黛玉是最有才情的姑娘，但也是最难相处的女人，不只因为她的孤高，更因为她的多疑、猜忌，说话尖刻。譬如薛姨妈请周瑞家的将十二枝纱花送给诸位姑娘时，林黛玉在接到后问："还是单送我一人的，还是别的姑娘们都有呢？"周瑞家的说"各位都有了，这两枝是姑娘的了"。黛玉一听，就冷笑说"我就知道，别人不挑剩的也不给我"。这种话实在很伤人，难怪林黛玉的人缘会不好。

林黛玉的多疑与猜忌，一方面是来自她敏感的心性，但一方面也是因为她寄人篱下的处境，使她会特别在意别人对她的看法，并采取防卫的态度。譬如有一回她在窗外听到一个老婆子骂："你这不成人的小蹄子！你是个什么东西，来这园子里混搅！"林黛玉以为是在骂她而肝肠崩裂，哭昏过去。但其实那位老婆子是在骂她的外孙女，根本不是在骂林黛玉。

心理学家帕克曾做过一个实验：请选修同一门研讨课的七个大学生，每人每个礼拜都分别描述他们对其他每位同学的看法，连续七个礼拜。结果发现，六个不同的观察者对同一个人的看法有相当的差异性，那些不同的描述与其说是在呈现被观察者的特质，不如说是在反映观察者个人的特质。也就是说，每个人都把自己的心性或好恶投射到对方身上，譬如多疑的人特别容易发现对方的言行举止有可疑之处。

这就叫“投射作用”。林黛玉因为生性敏感，兼又处境不利，一直存有别人会“瞧不起”她的心思，特别会去注意与此有关的蛛丝马迹，结果就“证明”果然是如此，而更加深了自己的这种倾向。

心性也许较难改变，但处境却可以改变。《吕氏春秋》里有个故事说：某人遗失了一把斧头，怀疑是邻居的孩子偷的，看那孩子的举止、神色、言语，无一不是偷了斧头的样子，于是更肯定是他偷了斧头。后来，那人在山谷里找到了遗失的斧头，改天再看邻居的孩子，动作态度却一点也不像小偷。如果林黛玉的处境能有所改变，增加她的自信心，让她心情开朗愉快，那她可能就不会那么多疑、猜忌和说话尖刻。

每个人都有他的心思，了解一个人为什么会那样做、那样说，是一种慈悲的智慧。

事出有因：孙子荆为什么在灵堂上学驴叫？

越是让人皱眉的言行，越会被认为是本性的流露。

《世说新语》里有个故事说，晋朝的孙子荆很有才华，自视甚高，只敬重王武子。王武子死后，孙子荆去吊唁，哭声极为悲戚。哭完，对亡者说："你从前喜欢我学驴叫，现在让我再为你叫一次。"说完，就鼓唇发出驴叫声，叫得惟妙惟肖，在场宾客忍俊不禁，笑出声来。

现在有个问题：孙子荆在灵堂上有两个举动，一是"哭声极为悲戚"，一是"学驴叫，叫得惟妙惟肖"，你觉得哪一项较能显现孙子荆的"真性情"？

心理学家做过一个实验：两位小姐去应征图书馆管理员的工作，在面谈时，A 小姐自我介绍说："我喜欢与书为伍，喜欢安静，喜欢过有条不紊的生活。"B 小姐说："我喜欢与书为伍，虽然比较喜欢热闹，生活和做事有点粗线条，但我有热忱。"实验显示，大多数人都会认为 B 小姐说的是真心话，而且比较相信她。

对于他人的言行，我们虽然会做较多的内在归因，但也要看言行的性质而定。一般说来，一个人的言行越符合社会要求或个人利益，我们就越会对它做外在归因，譬如喜欢安静和做事有条不紊是图书管理员的理想条件，多数人会认为A小姐可能只是为了被录用才那样说的，较不会相信。反之，B小姐的说辞相当不利于她的求职，她缺乏这样说的外在动机，所以大家较会认为那是她本性的真诚流露，也较易让人相信。同样的道理，一个候选人在菜市场和小贩热情握手，大家会认为那只是为了选票；但如果他踢一条狗，多数人则会认为那是他本性的流露。

在丧礼中哭泣，属于社会礼仪，也是大家认可的言行，我们会对它做较多的外在归因，也较难看出那是否出于当事者的真心。反之，在灵堂上发出驴叫声，则是反常理的言行，它较容易被认为是本性的流露（内在归因）。所以，多数人会认为孙子荆在灵堂上学驴叫是他真性情的流露，而他对王武子的友情和敬重也非常真挚。

其实，不必什么事情都一定要中规中矩，给人刻板的好印象，像孙子荆这样有一些无伤大雅的反常理行为也不错，因为大家会因此而认为你是一个具有“真性情”的人。

先入为主：孔子为什么感叹看错人？

刻板印象简单、粗糙、常出错，但却难以改变。

孔子的众多学生中，有一位叫宰予，口齿伶俐、能言善道，孔子起先对他的印象很好，但后来却发现他既无品德又懒惰，因而斥责他“朽木不可雕也，粪土之墙不可圬也！”另一个学生叫子羽，容貌丑陋，孔子起先对他的印象很不好、态度很冷淡，子羽只好黯然离去，靠着自学而成为一个著名学者，声誉很高。这两位学生后来的表现，让孔子感慨地说：“吾以言取人，失之宰予；以貌取人，失之子羽。”

人们在初次见面时，通常会依对方的容貌、穿着、言谈，形成所谓的“第一印象”，这种“第一印象”通常又会和某些特点相结合，而形成“刻板印象”，譬如眉清目秀让人觉得善良可爱，伶牙俐齿让人觉得聪明活泼等。这其实是在“资料不足”的情况下所得到的粗糙看法，经常出错，却很难改变。

心理学家哈弥顿做过一个实验，他让受测者阅读二十四个句子，每个句子里都有一组配对的名词和形容词，名词是大家熟悉的几种职业（医生、会计师、推销员、空中小姐、图书馆管理员、餐厅小妹），形容词则是有钱的、要求完美的、深思的、胆小的、热忱的、多话的、严肃的、迷人的、忙碌的、大声的等特质。形容词和名词随意搭配，但出现的次数都一样。在受测者阅读完所有的句子后，哈弥顿问他们觉得哪种配对出现得比较多？结果发现，大家认为出现最多的组合是：有钱的医生、多话的推销员、迷人的空中小姐、严肃的图书管理员、大声的餐厅小妹等。

大家认为出现最多的组合，就是我们对各种职业的刻板印象。譬如社会普遍认为医生是有钱的、推销员是多话的，“有钱的医生”和“多话的推销员”这种组合就会被认为出现比较多次，而“大声的医生”“胆小的推销员”等不符合刻板印象的搭配就都被忽略、抹杀了。

刻板印象难以改变，因为多数人都根据它们将人分类，形成认知架构（譬如容貌丑陋者邪恶、伶牙俐齿者聪明），为了维持心理平衡感和自尊心，事后即倾向于“否定”不符合该架构的讯息。孔子也是人，也有人性的弱点，但他能欣然放弃自己对宰予和子羽的刻板印象，承认自己看错人，并以此来警示大家，这是他比一般人高明的地方。

先验印象：楚留香为什么是个鬼灵精？

你给别人的先验印象就是你的社会形象，虽然只是传说，却未演先轰动。

在古龙的《楚留香传奇》里，胡铁花和楚留香刚认识不久，两人同到苏州虎丘游览，一位漂亮的卖花女向他们兜售茉莉花球，胡铁花正在和她调笑时，楚留香却识破她的诡计（花球里暗藏毒针），而出手拆穿。在对方花容失色、凌空一个翻身，飞也似的逃离后，本来以为楚留香唐突佳人的胡铁花这时才如梦初醒，不禁称赞说："看来江湖中的传言并没有错，楚留香果然是个鬼灵精。"

其实，楚留香和胡铁花也是江湖传言，而《三笑姻缘》里的唐伯虎和秋香又何尝不是江湖传言？事实上，跟憨憨泉、试剑石等虎丘景点有关的故事，大抵也都是江湖传言。每一个人、地、事都有它们的江湖传言，它们大部分都是先于经验而存在的"先验印象"。我们通常都是先"听说"某人某地某事如何如何，然后才亲睹其人或身临其境，而在真正接触后，就会特别去注意它们是否“名不虚传”。先验印象对我们的影响力绝不下于第一印象。

每个人都当过学生，也听过演讲。有一项研究显示，如果事先向甲组学生介绍演讲者是一位“温馨”的学者，对乙组学生说演讲者是一位“冷淡”的学者，那么两组学生在同时听完同样的演讲后，有 56% 的甲组学生认为演讲者很有亲和力，而参加了和他的共同讨论，但有同样印象而留下来参加讨论的乙组学生却只有 32%。这就是先验印象的影响力。

如果江湖传言某人很“冷淡”，那么大家在与他实际接触时，就较容易觉察跟冷淡有关的讯息，然后发现他“的确”比较冷淡。很多所谓的“江湖传言，果然不虚”，大抵都是这样形成的。因为江湖传言楚留香是个鬼灵精，胡铁花有了这个先验印象，就会特别去留意这方面的线索，结果就“发现”它果然名不虚传。

阅历丰富的老江湖经常会奉劝刚出道的年轻人，要特别注意关于你的坊间说法和江湖传言，因为江湖传言你如何如何，那就是你给别人的先验印象，也就是你的社会形象，不管它们是真是假，一旦形成，就很难改变。

顺序效应：庄子的猴子为什么转怒为喜?

同样的内涵以不同的顺序呈现，会给人不同的观感。

《庄子》里有一个故事：养猴人要给猴子吃果子，先说“早上吃三个，晚上吃四个”，猴子听了，怒形于色；他于是改口说“早上吃四个，晚上吃三个”，猴子听了，转怒为喜。

这也是成语“朝三暮四”的来源。猴子一天吃的果子总数都是七个，只是在顺序上有所不同，结果就让它们产生截然不同的情绪反应，也许你会觉得这些猴子未免太容易被“耍”了，但庄子借这个寓言要说的其实是“人性”，而非“猴性”，多数人对很多问题的看法跟这些猴子差不了多少。

心理学家让一群受测者观看 ABC 三位学生解答三十道难题的录像带：A 的回答起先都迅速而正确，但后来却越错越多；B 开始时一再碰壁出错，但后来则越答越顺越对；C 则一开始就有对有错，没有一个轨迹可寻。最后，ABC 三人答对的总题数都是十五题（录像带并未交代这个统计数字）。

看完录像带，心理学家请受测者评估三名学生的能力，结果大部分的人都认为先盛后衰的 A 比先衰后盛的 B 较有能力，而且错误地认为 A 答对的总题数要比 B 来得多。

实验室里的受测者跟庄子寓言里的猴子一样：同样的内涵若以不同的顺序呈现，就会让人产生不同的观感。“先好后坏”不仅比“先坏后好”给人较佳的整体印象，而且还会让人觉得“先好”就是“真的好”。这是一种“先入为主效应”——最先呈现的事物或特质，会让人留下最深刻的印象，而且盖过后来出现的相反讯息。

另一个实验更有趣：以两种方式介绍同一个人，甲方式说他是个“聪明、勤勉、冲动、挑剔、顽固、忌妒”的人，乙方式说他是个“忌妒、顽固、挑剔、冲动、勤勉、聪明”的人。结果，甲方式的介绍带给听者的整体印象要比乙方式好很多。其实，六种特质完全一样，只是呈现的顺序颠倒而已。

“名实未亏，喜怒为用”，庄子想借猴子的寓言告诉我们顺序的虚幻性，可惜的是多数人还是跟猴子一样被顺序所迷惑。庄子的猴子和心理学家提醒我们，在与人交往时，如果你不想让人对你的能力和为人做出错误的判断，那你就不必太谦虚，也不必担心无以为继，而应该在一开始时，就表现出自己最好的一面。

体谅作用：管仲为什么说知我者鲍叔牙？

认识越深，我们对对方的言行就会做越多的外在归因。

春秋时代，齐国的公子纠与小白争夺王位，鲍叔牙支持的小白夺得王位（齐桓公），而支持公子纠的管仲则沦为阶下囚，但鲍叔牙却向齐桓公力荐管仲出任宰相。后来在管仲的辅佐下，齐桓公果然成为春秋五霸之首。管仲在提到鲍叔牙对他的相知之深时说："我以前和鲍叔牙合伙做生意，分钱的时候我总是多取一些，鲍叔牙并不认为我贪心，因为他知道我很穷。我曾经替鲍叔牙谋事，反而使他处境更艰难，鲍叔牙并不认为我愚笨，因为他知道我时运不济。我三次带兵打仗，三次战败逃跑，鲍叔牙并不认为我胆怯，因为他知道我家有老母。公子纠与小白争夺王位失败，我忍辱被囚，鲍叔牙并不认为我无耻，因为他知道我不拘小节，而以功名不显扬于世为念。生我者父母，知我者鲍叔牙！"

有人说这是鲍叔牙"宽宏大量"，但管仲却认为这是鲍叔牙对他的“相知之深”。为什么呢？从管仲在那四件事里的表现，他其实很容易被认为是一个贪心、愚笨、胆怯、无耻的人，但鲍叔牙却认为那些表现都是特殊情境因素造成的，而与管仲的内在本质或人格特质无关，这就是关键所在。

前面提到，我们对他人的言行常会做内在归因而经常出错。但“他人”其实有很多种，心理学家尼斯贝特做过一个实验，要受测者回想四个人（自己、一位好友、父亲和某位名人）的言行，然后回答这“四个人”是否具有某种固定的人格特质（譬如“勇敢”或“贪心”），或是“依情境而有不同的表现”。结果显示，认为言行最“依情境而有不同表现”的依序是自己、好友、父亲、某位名人。其间的一个通则是：对越陌生者的言行，我们越容易做内在归因，而对认识越深、了解越多的人（特别是自己），则越会认为他们的某些言行其实是特殊情境造成的。

管仲感念鲍叔牙对他的“相知之深”，说的正是这个。人最会“体谅”自己，将自己或朋友的某些表现做外在归因，不只因为“了解较多”，其实也是一种“体谅的解释”。了解越多，就会带来越多的体谅；但更重要的是，我对你的行为做出体谅性的解释，并非我宽宏大量，而是我非常了解你。这也是朋友的“相知之道”。

定式效应：张飞为什么不像书法家？

即使被彻底翻案，也很难改变一个人既定的形象。

多年前，邓拓在《由张飞的书画谈起》一文里说："我国书法家并不限于文人，武将中也不少，如岳飞、张飞等。"有位读者看了，去信问道："张飞是身长八尺，豹头环眼，燕颔虎须，声若巨雷，势如奔马，长阪坡一声吼，喝断了桥梁水倒流的人物，怎么也会是书法家呢？"对于这样的疑问，邓拓引了几本古书中关于张飞书法的记载来佐证；而且明代的《画髓元诠》里还说："张飞……喜画美人，善草书。"更有甚者，2004年文物部门又在四川简阳张飞营山上发现一个石人头像，据信是张飞的真面貌，新发现的张飞塑像"慈眉善目，耳长唇厚，脸上没有一根胡须"。

相信很多人对这些翻案说法都会感到惊讶、怀疑，一时难以接受，因为它跟我们心目中张飞的既有形象差太多。但所谓张飞的"既有形象"，其实是来自虚构的《三国演义》

及相关的绘本和戏曲，前述的翻案说法应该更接近真实才对，大家的碍难接受，主要是来自心理上的“定式效应”——当我们对某人形成一个既定的刻板印象后，就会抗拒、排斥与之不符的新讯息。在多数人的心中，张飞是个“豹头环眼，燕颔虎须，鲁莽冲动，酒醉误事”的粗鄙武夫，那么说他“擅长书法，喜画美人，慈眉善目”就会让人无法接受，也不想当真。

有个心理实验说，先让一群受测者接受一种新型的人格测验，然后告诉他们说测验显示他们“极具社会敏感度，善于洞察他人”，改天，又向他们更正说“该新型测验被证明完全无效，测验结果不能当真”；然后请他们评估自己的社会敏感度，结果他们所自认为的社会敏感度要远远高于对照组。这表示即使明知原先的印象“完全错误”，你还是不会放弃。

不只对人如此，对事情的看法也如出一辙。另有一个实验说，专家告诉A组受测者，要成为优秀的消防队员，冒险精神需大过小心谨慎；而告诉B组说小心谨慎需高于冒险精神。事后，又分别向两组受测者澄清原先告诉他们的观点是“错误”的，但两组人都没有因此而放弃原先被灌输的观念，在一段时间后，还是存在那些“错误”的想法。

张飞和燕颔虎须、鲁莽冲动的配对已成“定式”，想要将他改配慈眉善目、擅长书画，恐怕跟要他改名换姓一样困难。

负面效应：屈原为什么写《离骚》？

负面讯息对印象的影响，远远大于正面讯息。

《离骚》是屈原的代表作，也是中国古代最长的浪漫主义抒情诗，极具文学价值。从《离骚》的字里行间，我们可以窥知屈原忧愁、苦闷的内心世界，那他为什么会满腔忧闷呢？因为原本受到楚怀王信任、重用的他，不仅官至左徒，朝廷一切政策文告，皆出于其手，而且还奉命起草一部革新楚国的《宪令》；但就在这意气风发之际，楚怀王却突然疏远了他，将他贬为掌管祭祀的三闾大夫，从云端跌落了深渊。那楚怀王为什么会疏远他呢？因为屈原的能力和表现、楚怀王对他的宠幸，引起了上官大夫靳尚的嫉妒，靳尚在怀王面前说屈原的坏话："人人皆知是大王任命屈原起草法令的，但每次颁布法令，屈原总是扬扬得意，自夸说这些法令除了他谁都起草不了。他根本没把大王您放在眼里啊！"楚怀王听了这番话，怒不可遏，遂免去了屈原的左徒之职，并开始疏远他，以后也不再重用他。苦闷的屈原最后竟走上了自投汨罗江而死之路。

类似的情况在中国历史上一再发生，它们的惯常说法是“君子受到小人谗言的构陷”。其实，关键是在楚怀王，如果楚怀王不相信，那“小人”又有什么发挥的能耐？楚怀王的听信谗言涉及的是一个基本的人性问题。心理学实验显示，当我们在听到关于某人的讯息时，负面讯息会得到特别重的加权，也就是说，负面讯息对印象的影响要大于正面讯息，这叫作“负面效应”。譬如你听说张三“贪污”，比听说他“廉洁”不仅会让你留下更深刻的印象，而且会更相信（特别是这种讯息跟道德有关时）。而且这种因负面讯息所产生的“恶劣”印象一旦形成，那么即使事后再予以更正，也很难挽回。这也是为什么不少人在受到某人“中伤”后，会认为对方事后的“道歉”于事无补，因为已经造成的伤害很难再被抹除掉。

靳尚在楚怀王面前说屈原的坏话，正具有这种强大的“负面效应”。《战国策》里提到，惠施曾以“种树和拔树”来规劝受魏王器重的田需：个人的表现和他人的好话就好像“种树”，而别人的中伤和坏话则好比“拔树”，种树困难，拔树却很容易，如果十个人种树而一个人拔树，那树就很难生存了。所以要善待掌权者身边的人，免得他们成为“拔树人”。这样的规劝，到现在依然十分有用。

自我兑现：刘秀为什么能成为天子？

注意你对别人和自己的预期，因为它们很可能兑现。

王莽篡汉后，托古改制，搞得民不聊生，人心思汉，当时盛行神秘主义，民间流传一则谶纬："刘秀当为天子。"大家都认为那指的是王莽的国师刘秀，但当时并没有什么名气的另一个刘秀（长沙王刘发的后代）听了后却说："怎么知道说的不是我呢？"这个刘秀后来果然成为建立东汉的光武帝。

这种看似"泄露天机"的谶纬，其实是一种"自我兑现的预言"。我们且先看下面这个实验：20世纪60年代，哈佛大学的两位心理学家罗森塔尔和雅各布森到一所乡村小学，对某班学生做了些测验，从中筛选出五分之一的学生，告诉老师说这些学生具有学习的潜力。一年后，心理学家再度回到那间小学追踪，发现原先筛选出来的学生学业成绩果然都有了进步。然后，心理学家公布一个令人惊讶的讯息：当初他们挑选出这些学生，根据的既非智力测验亦非性向测验，而是随机的“胡乱挑选”；结果这些被贴上“优秀”标签的学生，后来竟果真有了优异的表现。

为什么会有这种现象呢？心理学的解释是老师“相信”权威（心理学家）的话，他们先入为主地认为这些学生“的确”会有优异的表现，从而提高了对他们的信心、期待和关爱，并有意或无意地表现出这种倾向；而这些学生感受到老师的好意，也因而提高了对自己的信心和期待，上课时更专心，回家后花更多时间去温习功课，结果，他们的成绩就真的进步了。其他心理学家在工厂和商场的实验也证实了同样的结果：上司对部属的期待，会影响部属的工作表现。

在多数人都相信谶纬的时代里，既然谶纬说“刘秀当为天子”，那它对社会大众和刘秀本人就都是一个强有力的暗示。其实在中国古代，很多诸如此类的谶纬、天机或预言，都是洞悉人性的有心人士编造出来的，因为他们知道，只要说得煞有介事，那么在大家推波助澜下，很可能就会“自我兑现”。

你相信或预期别人将会如何如何，那他们很可能就真的会如何如何。你预期或相信你的孩子会是个好孩子、你的丈夫会是个坏老公，那他们很可能就真的成为好孩子和坏老公，因为你的不同预期让你对他们表现出不同的态度来，而他们就根据你的态度来做响应，结果让你美梦成真，噩梦也成真。

立场问题：扬雄为什么说张仪、苏秦是诈人？

我们特别记得自己的合理高明与敌人的荒谬愚蠢。

扬雄是西汉有名的哲学家，他曾仿《论语》作《法言》，书中提到：有人说张仪、苏秦的合纵连横“安中国者，各十余年”，扬雄则指他们两位是圣人所深恶痛绝的“诈人”。那人又说子贡也做过类似的事（齐国攻打鲁国时，孔子曾派子贡去游说吴国出兵，吴鲁联军大败齐军），扬雄回答子贡是为了“解决乱象”，而张仪、苏秦却是为了“个人富贵”。

司马光在《资治通鉴》里曾引用了这段话，而柏杨在他的《白话版资治通鉴》里则质疑扬雄是个“动机论者”：孔子和孟子也都曾像张仪与苏秦仆仆风尘，东奔西走，说破唇舌，希望“二者全都到手”（解决乱象与追求富贵），但看在不同人的眼里，却有了截然不同的“动机”。为什么扬雄和司马光会认为张仪、苏秦的作为是为了“个人富贵”，而孔孟、子贡则是在“解决乱象”呢？理由很简单，因为扬雄、司马光和孔孟、子贡是“同一国”的，都属于儒家阵营，与张仪、苏秦的纵横家是敌对的；而柏杨的提出质疑，则是因为他向来对儒家没有什么好感，是比较同情纵横家的。

一个人的作为常有多重动机，比较高尚与比较卑俗的通常是兼而有之，比例一直在变动，很难说得清楚。但我们在做归因时却有明显的人我（己群与他群）之别，自己或自己人的作为是出于高尚的动机（解决乱象），而别人特别是敌人的同样作为却是来自卑俗的动机（个人富贵），这无非是为了“长自己志气，灭他人威风”。

同样一件事，不只动机有别，我们的观察和记忆重点也不一样。譬如对堕胎、死刑等议题，一直存在着正反两种意见，也各有赞成与反对者。心理学家在这方面做过不少实验，要两组人士同时阅读赞成堕胎（死刑）与反对的两篇文章，每篇文章都列举了很多理由，有的理由相当合理而高明，有的则颇为荒谬与愚蠢。结果显示，在读完两篇文章后，多数人都出现了“选择性记忆”：较记得与自己观点相符的高明理由和与自己观点不符的愚蠢理由。

所以，如果你是儒家信徒，那你不只会认为张仪、苏秦合纵连横的动机卑俗，而且还会记得他们言行中特别“愚蠢可笑”之处。但如果你对儒家没有好感，那情况就刚好相反。

泾渭合流：苏曼殊为什么不守清规戒律？

清晰和统一的形象，只是一种选择性的扭曲。

清末民初的苏曼殊，短短三十五年的人生坎坷而多姿，有“诗僧”“情僧”“革命僧”之称。虽然是个出家和尚，却多才多艺，而且参加革命活动，更令人惊讶的是还和好几个女人谈恋爱，乃至上青楼、抱妓女、喝花酒、抽雪茄、吃牛肉，完全不守佛门的清规戒律；而且还三次出家，三次还俗。

苏曼殊为什么会这样呢？有的人说那是他天真烂漫，襟怀洒落，不为物役，参尽情禅空色相，多情实乃佛心；有的人说他恨世道太险，嫌空门太闷，徘徊在凡情与道心之间；有的人则说他懦弱自私，任性胡来，脚踏两条船，有钱就去喝酒风光，没钱就去庙里挂单，既能跟佳人卿卿我我，又不必结婚养家……总之，人言人殊，但每个人都尝试用一个统一的形象来概括他。

心理学家果林做过一个有趣的实验：他请七十个人观赏介

绍某位女士的短片，短片包含五个不同的场景。场景一：她在一家老旧旅馆的门前，被一名男子“钓上”了。场景二：她进入一家酒吧，不久和一名男子亲热地走出来。场景三：她在一个公共楼梯间扶起一名跌倒的老妇人。场景四：她掏钱施舍一名乞丐。场景五：她在路上停下来和一名妇人交谈。

看完短片后，果林要这些受测者描绘一下他们认为该女士是个“什么样的女人”？结果，有48%的人对她做了片面的认知，亦即若非说她是“一个放浪的女人”，就说她是“一个仁慈的女人”，而完全忽略了她的另一面。29%的人说她“有时候放浪、有时候仁慈”；说她是“一个既放浪又仁慈的女人”的则只有23%。

其实，每一个人都是既复杂又矛盾的，有的甚至是“一团混乱”，但我们总是想用一个清晰、明确的特质或形象来“统合”他的种种表现。前面对苏曼殊的种种说法，其实都有部分的正确性，但如果只采纳其中一个说法，那种“清晰”和“统一”只是一种“选择性的扭曲”。我们为什么不说苏曼殊是一个既多情浪漫又任性自私、忧国忧民又喜欢享受、恃才傲物又意志薄弱、充满理想又脚踏两条船的人呢？

说别人“一团混乱”，其实是在称许他的“复杂而丰富”，说他形象“清晰统一”，反而是在将他看“扁”。

第三章

生命辩解下的人性

生命的自主：东方不败为什么喜欢绣花？

只要是“心甘情愿”的选择，那就是一种幸福。

看过《笑傲江湖》的朋友都知道，东方不败为了练《葵花宝典》里的武学而“挥剑自宫”，变得不男不女。当任我行和令狐冲来到黑木崖，看到原本堂堂男子汉的东方不败居然变成说话嗲声嗲气、脸抹浓香脂粉、身穿娇艳花衣、手拿绣花针在刺绣的“人妖”后，不仅讶异，甚至为他感到“可怜”。但东方不败似乎乐在其中，而且还说他就是因为修习《葵花宝典》才“慢慢悟到了人生妙谛”，觉得做女人好过男人百倍。

东方不败的改变让人想起太监，但绝大多数太监对自己的遭遇都是无奈、哀伤甚至愤恨，东方不败为什么反而能甘之如饴呢？最主要的原因是那是出于他“自己的选择”，他是“欲练神功”而“挥剑自宫”的。一件事情是否出于自己的选择，会深深影响我们对其后果的认知。譬如早上搭公交车去上班是很多人都有的痛苦经验，搭乘的时间越久压力应该越大才对，但瑞典心理学家对每天搭拥挤的通勤火车前往斯德哥尔摩上班的乘客的研究却显示，在起点站就上车乘客的压力和痛苦指数（尿液中肾上腺素浓度增加的程度）反而低于在中点站才上车的乘客。为什么呢？因为他们对拥挤有较大的“自主选择权”，他们可以选择坐着或站着，以及坐在哪里或站在哪里，这使得拥挤变得较能忍受。

心理学家津巴多则做过另一个实验：先让一群受测者接受痛苦的电击，并记录下每个人在被电时的主观感受、行为反应及生理变化。然后让部分受测者接受第二轮的电击，但接受的原因各不相同，甲组受测者是“能获得金钱的酬劳”，乙组是在“为科学做出奉献”的社会压力下参加的，丙组则是出于“个人自己的选择”。结果发现，出于自己选择的第三组不仅报告说第二轮电击不像第一轮那样痛，其行为反应和生理变化也显示他们确实比第一轮平静许多。而其他两组三方面的变化都不大。这表示，即使是一件痛苦的事，如果能承认那是出于自己的选择，自己愿意承担，它就不会再那么让人感到痛苦，而且你个人的身心也都会变得比较健康。

如果你的人生都是来自你心甘情愿的选择，或者能将它们视为你“心甘情愿的选择”，那不只比较健康，而且还会有幸福的感觉。这才是真正的“东方不败”。

建设性错觉：阿Q为什么总是能得胜？

重要的不是事情的真相，而是你的解释和感受。

在《阿Q正传》里，阿Q有一种独特的“精神胜利法”，当他和人打架打败了，被对方揪住黄辫子，在壁上碰了四五个响头，对方心满意足地得胜走了后，阿Q站了片刻，在心里想：“我总算被儿子打了，现在的世界真不像样……”于是也心满意足地得胜走了。

鲁迅当然是意在讽刺，但对一个饱受屈辱而又无可奈何的人，这种“精神胜利法”却也是一种维护自尊的无可奈何之法。阿Q的说辞让人想起伊索寓言里的狐狸，狐狸在一再跃高但却抓不到它想吃的葡萄后，用漫不经心的口吻说：“我并不是真的很饿，而且，我现在看出那些葡萄是酸的！”然后，若无其事地离开葡萄园。一般称此为“酸葡萄心理”，但它也是狐狸的“精神胜利法”。对得不到的东西就妄加贬抑，甚至否认自己的需要，似乎显得虚伪而狡猾，但狐狸这样说对它的“心理健康”却极具建设性，因为那表示它离开葡萄园乃是“出于自己的选择”，相当程度维护了它的尊严。阿Q的“心满意足地得胜走了”正具有同样的心理功能。

不管是好是坏、是真是假，每个人都希望能自己做主，即使是被迫屈辱地离开或接受，也要将它解释成是出于自主性的选择，目的就是维护自尊。但人生有很多事却都身不由己，譬如变成老人、住进养老院，很多调查研究都发现，在住进养老院一个月内即死亡的老妇，通常并非出于自己的选择，而是由家人替她们申请的。排除住进养老院时身体健康上的差异性，是否出于“自己选择”的认知成了加速或延缓死亡的重要因素。为了改善这种情况，研究者对那些别无选择、只能被迫住进养老院的老人提供“精神胜利法”，为他们“制造”一些较小的选择机会，譬如哪一天搬进养老院、住在第几楼、窗前想摆什么盆栽或想参加哪一类活动，等等。在经过这种巧妙安排，创造选择的“错觉”，让老人觉得是自己做主后，不仅死亡率降低了一半，活着的老人也显得比较活泼快乐。

我们每一个人的心中都有一个阿Q、一只狐狸和一个老人，而人生总是有让人感到屈辱、无可奈何的时刻，偶尔运用“精神胜利法”给自己一些“心理建设”，只要不陶醉于其中，其实也不错。

自我辩护：徐志摩为什么和张幼仪离婚？

认为对方罪有应得，往往是在合理化自己的残酷伤害。

诗人徐志摩和原配张幼仪是现代中国第一对“文明离婚”的夫妻，提出者当然是徐志摩，他在写给张幼仪的一封信里说，离婚是为了争取“真生命、真幸福、真恋爱”，而且要张幼仪跟他一样，本着“改良社会”与“造福人类”之心，“先自作榜样，勇决智断，彼此尊重人格，自由离婚，止绝苦痛”。但当时相干和不相干的人却都认为，徐志摩之所以逼张幼仪离婚，主要是想恢复自由之身，好顺利追求林徽因。只可惜事与愿违，徐志摩最后是“赔了夫人又折兵”。

当我们做出一个重大决定后，总是需要一个能说服自己和别人的理由，徐志摩对自己离弃原配所提的理由，固然可以说那是在彰显他作为一个诗人的浪漫、任性和冠冕堂皇，但在更基本的层面上，却是在暴露他身为一个凡人的自私、自欺和自我辩护。离婚后的张幼仪很少谈起她对徐志摩、他们的婚姻还有离婚的看法，但徐志摩在谈起前妻和他们的婚姻时却还是语多负面，譬如说两人是奉“父母之命，媒灼之言”成婚的，张幼仪是“乡下土包子”，两人没有共同语言、没有感情、婚姻生活痛苦不堪，等等，其实这些经过后人考证，都是站不住脚的。但徐志摩却必须这样说、这样认为，最根本的原因是他必须对自己的行为提出辩解，因为他逼迫张幼仪和他离婚是一件“残酷不仁”的事。

有个实验说，当心理学家要你公开向另一个人说“我认为某某是个肤浅、沉闷、不可信赖的人”后，即使这些恶评跟某某真正的为人毫无关系，但在如此“伤害”他后，你就会变得不喜欢某某，开始认为他“的确”就是你所说的那种人，这是一种典型的自我辩护，用意就在合理化你对某某的“残酷伤害”。另一个实验说，当你对另一个人施以一系列痛苦的电击后，你就会开始“贬低”他，找理由来说服自己和别人，表示他是“咎由自取”。如果你的自尊心越强，“好人”的自觉意识越高，那你就越会认为对方是“罪有应得”，否则像你这么“好”的人怎么会无缘无故“伤害”他呢？

人需要自我辩护，但很多自我辩护其实都只是在以自欺的方式来维护自尊、掩饰自私而已。越是自视甚高、下意识里认为自己罪孽深重的人，就越需要冠冕堂皇的自我辩护。

鱼与熊掌：林徽因为什么选择嫁给梁思成？

要喜欢你选择的东西，因为这样才能证明自己是对的。

民国初期的才女兼美女林徽因，仰慕与追求者众，其中最有名的当推浪漫多情的诗人徐志摩和脚踏实地的梁思成（梁启超的儿子）。林徽因曾徘徊在两人之间，最后选择了梁思成。梁思成问她："为什么选择我？"林徽因说："这个答案很长，我要用一生的时间来回答。"此后两人即投身于他们共同的志趣——建筑，后来夫妻还伉俪情深地走遍中国十五省，考察测绘了二百多个古建筑，完成旷世巨作《中国建筑史》，这的确是一个很好的答案。那林徽因当初又为什么会放弃徐志摩呢？在事隔多年之后，林徽因自己说那是因为"徐志摩当时爱的并不是真正的我，而是他用诗人的浪漫情绪想象出来的林徽因，可我其实并不是他心目中所想的那样一个人"。

在梁徐二人之间，林徽因面对的其实是"鱼与熊掌"的选择难题。选择是否正确通常都以“后果”来论断，但对当事者来说，一旦他做出了选择，他就会改变对原来选项的看法。心理学家在赛马场的实际调查显示，赌徒在下了赌注后，会认为他下注那匹马赢的概率比未下注前要高出许多。而在新兵训练中心的实验则显示，若有两项职务供新兵选择，那么在做出选择的当下，新兵对自己所选择的职务会变得更加喜欢，但随后有一个时段会更喜欢被放弃的职务，不过“后悔”持续的时间不会太长，过后不久即又重新肯定自己的选择，而且维持相当长的时间。这表示“鱼与熊掌，不可兼得”，在选择了熊掌之后，多数人都会抬高熊掌同时贬抑鱼的价值，强化他选择熊掌的理由，好证明自己的选择是“对”的，这期间也许会有短暂的“遗憾”，但如果不想跟自己过不去，那他就必须再度肯定自己的选择。如果说林徽因在选择了梁思成后，对梁思成和徐志摩的看法跟她在还未做出选择前有什么不一样，那也是可以理解的。

其实，像你我一般的凡夫俗子，我们所能选择的通常不是自己心目中“最好的”。对家庭主妇的实验显示，要她们从“第三”和“第四”喜爱的家电产品中（总数是八种）选择其一，那么在做出选择后，多数人就会将自己所选的“提升”到喜爱的第一或第二顺位。也许这才是我们真正需要的想法：“虽然不是最好的，但我喜欢并珍惜自己的选择。”

认知失调：李白为什么说爱酒不愧天？

如果不想戒酒或戒不掉，那就必须说喝酒好。

李白不只是诗仙，更是酒仙，所谓“斗酒诗百篇”，他喝遍大江南北，“三百六十日，日日醉如泥”，而且没有酒就写不出诗来。从医学观点来看，李白无疑是个“酒精成瘾者”，酒瘾会对身心造成伤害，他在《赠内》诗里说“虽为李白妇，何异太常妻”，很可能是为自己的性功能失常对妻子表示歉意；而他的死，根据《旧唐书》所说，更是“以饮酒过度，醉死于宣城”。但尽管如此，他还是对饮酒狂热歌颂：“君爱身后名，我爱眼前酒。”“钟鼓馔玉不足贵，但愿长醉不复醒。”他还将它合理化：“天若不爱酒，酒星不在天。地若不爱酒，地应无酒泉。天地既爱酒，爱酒不愧天。”

李白的爱喝酒与他对酒的看法，其实是在呈现一种普遍的人性：我们总是从对自己有利的角度来解释跟自己有关的客观事实。酗酒和吸烟有害身体健康是个医学事实，但瘾君子却另有看法：1964年，美国外科医学会发表一份明确报告，证实吸烟和癌症有密切关系，当年，心理学家卡萨里安做一项调查，结果发现有90%的不吸烟者完全相信外科医学会的说法，但却有高达40%的瘾君子怀疑这份报告的可信度，认为它还需要进一步研究。

这其实是瘾君子为了解决他们“认知失调”的心理策略：如果他们承认这份科学报告是正确的，那他们就应该戒烟，但在不想戒或戒不掉的情况下，为了维护自尊，就必须转而“怀疑”那份报告。除了怀疑科学报告的可信度外，瘾君子在无法改变吸烟习惯的情况下，也会转而改变对自己行为的认知，譬如“我吸烟的量并不是很大”“我吸的是焦油含量低的香烟”，或者“吸烟让我充满灵感”“吸烟抚慰我的心灵”，以减少认知失调。而当一再戒烟却戒不掉时，他们则会大幅度调整原先对吸烟危险性的认知，甚至变得比未尝试戒烟前更不把它当一回事。他们最常见的自我辩解和自我解嘲是“吸烟带给我的好处远远多过坏处”“不吸烟也会得癌症”“不得癌症也可能被车撞死”。

喝酒也一样。喝酒容易误事，也有碍健康，李白不仅爱喝酒，而且似乎从没想过要戒酒，既然如此，那他当然必须大肆宣扬他的爱酒论调了。

防卫性归因：贾谊为什么写《过秦论》？

对他人行为做不同的解释，经常是为了保护我们自己。

西汉的贾谊写过一篇有名的《过秦论》，细数秦朝之所以亡国的过失，譬如统治暴虐、焚书坑儒、劳役过重、不施仁义等，一发表即震动当世，而且还流传千古。贾谊为什么要写这篇文章？当然是想以古鉴今，规劝汉文帝避免重蹈覆辙，以仁义施政，让国泰民安。

每当朝代更迭后，总是有人探讨前朝覆亡的原因，而几乎所有的原因都指向施政的缺失，也就是“祸福无门，唯人自召”，似乎想提醒当政者要“好自为之”，只要自己不犯同样的错误，就不会“自取灭亡”。其实，导致国家灭亡的原因很多，有些是属于偶然的、非人力所能掌控的突发性因素，譬如秦始皇在东巡时的“暴毙”对帝国的崩解可能比焚书坑儒重要许多，但贾谊及其他诠释者却不提、漠视或淡化这个原因，为什么呢？因为若大谈这类原因（其他如地震、水旱灾等)，就会使整个论述“失去意义”，让人“难以接受”。

现代的开车者经常会在路上看到各种车祸的残留现场，有的只是轻微擦撞，有的则相当严重，车子变形解体、乘客血迹斑斑，甚至还目睹车边的横尸。车祸的原因有可控制因素（受害驾驶员本身的问题，譬如喝酒、疲劳、开快车）与不可控制因素（譬如路况、天候、对方驾驶员的问题），路过的驾驶员虽然不晓得真正原因，但若问他们“这位驾驶员为什么发生车祸”，那么调查显示，他们对车祸原因的认知会随着车祸的严重程度而变，当受害驾驶员的伤亡越严重，激起路过驾驶员越厉害的焦虑反应时，他们越会将它归于可控制因素，也就是认为受害驾驶员本身要负较大的责任。

这种现象称为“防卫性归因”，目的在保护自己。因为如果将严重的车祸（车毁人亡）归于驾驶员无法掌握的偶然或突发因素，那表示自己也可能遭受同样的命运，这会对自己造成极大的心理威胁，因此出于自我防卫，就不自觉地认为受害驾驶员本身要负较大的责任，心想“只要他（或自己）小心一点、技术好一点，就不会这么倒霉”。

车毁人亡如此，国破家亡也是如此，贾谊的《过秦论》也正具有这种特色。很多原因，其实只是一种防卫；很多解释，无非只是一种愿望。

黄巢效应：洪秀全为什么要造反？

对一个体制的敌意，通常来自自己在该体制下的受挫。

建立太平天国的洪秀全，跟以前的中国革命者最大的不同点是他相当反传统，除了“拜上帝”、自称是上帝耶和华的次子（耶稣的弟弟）外，他还把儒家的四书五经称为“妖书”，而且编了一个“鞭打孔子”，让孔子跪地认错求饶的故事。洪秀全为什么会这样做？有一个原因是他从十五岁开始考秀才，前后四次赴试，但都铩羽而归，科举无情地夺走了他十六年的青春，功名无望，而使他对整个体制心生不满。

洪秀全的反应让人想起唐朝的黄巢，他的《不第后赋菊》诗“待到秋来九月八，我花开后百花杀。冲天香阵透长安，满城尽带黄金甲”，充分显露出一个雄心壮志者在屡次考场失意后胸中的不平与杀伐之气。最后，黄巢也走上了武装起义、推翻既有体制的道路，而“铨贡失才”（科举埋没人才）就成了他起义的重大原因之一。其他像因殿试被黜落而放声悲歌，远走西夏，挑拨李元昊兴兵抗宋的张元；还有因屡试不第而在梁山泊落草为寇的白衣秀士王伦，也都是有名的例子。

科举是中国过去拔擢人才的主要方式。谁是人才、谁有能力，总要有一套评估方法，没有了科举，还是有高考；美国大学虽然用申请的，但还是要看 SAT（American College Test）分数。方法很多，但却没有一种方法能完全公平，而对它们的看法也因人而异。美国的研究显示，SAT 得分高者大多认为它在评估个人学习能力时非常准确，但得分偏低者却认为 SAT 的评鉴方法并不准确，而且认为自己 SAT 的实际得分应该比公布的要高。

这是人性的普遍反应。一个得分低者如果承认这些评鉴方法是正确的，那就表示他是低能的；为了维护自尊，多数人都会转而怀疑那些方法。而自我评价越高的人，就会对那些让自己受挫的评鉴方法怀有越深的敌意；而当这个评鉴方法是唯一的方法、唯一的出路时，那种不满就很容易转为对整个既有体制的敌意和愤慨，黄巢、洪秀全、张元、王伦走上反叛之路，都具有这种心理因素。

我们可以称此为“黄巢效应”。为了大家好，除了要以多元化的方法来拔擢人才、评鉴能力外；在高考或 SAT 中得意的人更要知道，很多人是打死也“不相信”那些方法的，你越强调它们的可信度，只会越增加他人的不满和敌意。

对价作用：康有为为什么坚持维新保皇？

你花的心血越多，就会赋予那件事越高的正当性与价值。

在清末民初的政治舞台上，康有为是个立场鲜明的人物。熟习儒家思想的他，兼容并蓄西方文明，很早就形成维新变法的政治观点。从入京应试时的“公车上书”到戊戌变法（变法失败，其弟康广仁惨遭杀害），从流亡海外时的组织保皇会，鼓吹开明专制，反对革命到民国建立后的宣扬尊孔保皇，反对共和，与张勋拥溥仪复辟；在溥仪被逐后，他还亲往天津去觐见探望；直到他死，仍不改初衷，依然坚持保皇维新才是救中国的正确道路。

当然，我们可以说这是康有为信仰坚定，不随波逐流；不像他的弟子梁启超“个性流质”，见风转舵。但在大势已去时，却还搬演复辟的闹剧，难免给人食古不化的感觉。其实，类似康有为这样的行径，除了所谓的“择善固执”外，还有另外的人性因素。

美国当年介入越战的是非功过，看法因人因时而异，但整体的趋势是由多数认为“对”转为越来越多人认为“不对”。1990 年魏特曼做了一次调查，认为介入越战是对的的美国人只剩下 29%，但却有一个族群，还有高达 58% 的人认为对——他们是当年参加越战的退伍军人。照理说，这些人把他们的青春消耗在异国土地的枪林弹雨中，不少人还因此而受伤残废，为什么还有那么多人在事隔多年后认为越战是对的呢？

为了满足自尊和自我价值感，每个人都希望自己所做的事是对的、有意义的。就是基于这种需求，越战退伍军人必须认为越战是“对”的，因为如果不对，那当年他们所花的时间和代价、所受的苦不仅失去意义，甚至会变得荒谬可笑，这种残酷的想法让他们无法接受与忍受，所以即使事隔多年，他们仍然必须认为越战是“对”的。其他的心理实验也显示，一个人花越多时间和代价、通过更严格考验所得到的东西，会被认为越有价值和意义，我们可以称之为“对价作用”：一件事情的价值来自与之对应的心血，同时还会产生与之对应的坚持。

康有为为了保皇维新花了不少代价（包括弟弟康广仁的牺牲），经历各种考验，他必须“坚信”他的主张是对的、有意义的，如此才能满足他的自我价值感，这是我们对他的“择善固执”应有的另一种了解。

偏执的意念：汉武帝为什么对长生术执迷不悟？

对很多事情，很多人都只是“为相信而相信”。

汉武帝雄才大略，文治武功都相当了得，但他也相当迷信，从年轻时代就祈求长生不老之术，先后宠信过很多方士，如李少君、少翁、栾大等。这些方士当然都是高明的骗子，汉武帝在发现自己受骗后，会毫不手软地将对方置于死地，但尽管一再上当受骗，他还是相信长生不老之术的确存在，只是他所遇到的不是真正的高人而已，所以就以毫不动摇的信念一再追寻，至死方休。

有人也许会认为汉武帝的执迷不悟有点幼稚，甚至相当可笑。其实，每个人都会相信某些东西，多数人对自己所相信东西的表现基本上跟汉武帝差不多。譬如现在有很多人相信心电感应、预知、天眼通等“超能力”的存在，美国康奈尔大学心理系教授班姆，几乎每年都在《心理学概论》的课堂上做如下实验：他先向学生说有些人天生异禀，具有超能力，而他就是其中之一，并当场做了示范。结果，平均（历年）有 95% 的学生说他们相信超能力确实存在。改天，班姆又向学生说他上次表演的超能力其实是一种魔术障眼法，当场又示范他用的是什么技法，然后再问学生，结果，“继续相信”超能力的存在的仍高达 85%，与原先相比，只有些微下降。

为什么会如此？它有两个可能：一是班姆先向学生灌输了超能力存在的观念，在先入为主后，即使后来出现否定它的事实，也难以改变它；一是信念或信仰的问题，当人们对某种论点怀抱信念时，就会对否定的证据视若无睹，或者怀疑那些证据的可信度。其他实验也都指出，当一个人想证明自己的信念正确时，具有只去寻找“符合”它之讯息的强烈倾向，他会特别注意而且对能支持它的孤立证据津津乐道，至于否定它的则视而不见、避而不谈，或者在看到它被拆穿后，他还是会说“即使这个是假的，但其他却是真的”，甚至说“即使这些都是假的，但总会有一个是真的，只是你还没有遇到而已”。

“长生不老”和“超能力”如此，其他信念也大抵如此。有人说，事实是“你不相信它时，依然赖着不走的东西”，但信念比事实来得顽强，信念是“即使否定的事实摆在眼前，但还是不为所动，依然相信的东西”。当你面对一个人时，你要知道，你面对的是他的信念、他的想法，而不是事实。

诱惑洗礼：顾炎武为什么不齿钱谦益？

拒绝过诱惑的人，对屈服于诱惑的人会特别深恶痛绝。

顾炎武是清朝初年的知名学者，清兵入关后，他投效南明朝廷，且屡次参加抗清义军，但都失败以终。有一次他被捕入狱，朋友请在清廷当官的学界大佬钱谦益帮忙营救，钱谦益表示只要顾炎武承认是他的学生，他就愿意保顾炎武出狱。朋友自作主张，假造了一张顾炎武的名帖，送给钱谦益求助。后来顾炎武知道了这件事，非常生气，非要讨回名帖不可。朋友不肯讨还，他索性在大街上贴告示，声明他给钱谦益的那张名帖是假的，弄得钱谦益十分尴尬。

钱谦益虽然是前辈学者，但顾炎武不仅不想和他有任何瓜葛，而且还相当不齿他的为人，因为钱谦益原是南明弘光朝廷的礼部尚书，在清军攻破南京后，变节投降，是所谓的“贰臣”。但当时投降清朝的明朝官吏多如过江之鲫，顾炎武为什么会对钱谦益特别感到不齿呢？这有两个原因：一是钱谦益乃是一个有名的大学者，本应以气节为重；一是顾炎武原本也有机会以投靠清朝来换取个人富贵，但却义无反顾地加以拒绝，1678 年，康熙皇帝开博学鸿儒科，想招致礼遇明朝遗民，他还以死坚拒推荐。一个拒绝过诱惑的人，会对那些屈服于诱惑的人特别不以为然，特别深恶痛绝。

心理学家弥尔曾做过一个实验：先以问卷调查一群学生对作弊的态度，每个人都认为作弊是不对的；然后让所有学生参加可以得到奖品的竞试，如果不作弊就几乎不可能获胜，而作弊又不容易被发现。结果有些学生作弊得了奖，有些学生则没有作弊。随后，弥尔再做一次问卷调查，结果在竞试中经不起诱惑而作弊的同学，为了合理化他们的行为，开始认为“欺骗其实是一种人性”或者“作弊无伤大雅，况且也没有人受到伤害”，换句话说，就是对作弊的态度变得比以前宽容。反之，抗拒诱惑而没有得奖的学生，则会对作弊变得比以前更加深恶痛绝，更不齿作弊的人。

顾炎武会写《廉耻》一文，并在文中说：“人之不廉而至于悖礼犯义，其原皆生于无耻也。故士大夫之无耻，是谓国耻。”他会对“士大夫之无耻”感到特别不齿，原因即在于此。同样的道理，对“红包”深恶痛绝的人，往往并非没有人送他红包，而是有人想送他红包，但他“决定”不收的人。

歧路亡羊：项羽为什么不想东山再起？

对失败的不同解释，决定了你的下一步和未来。

垓下之战，项羽惨败，突围至乌江边时，亭长劝他渡江回江东，以图东山再起，他说了两句重要的话，一是“无颜见江东父老”，一是“天之亡我，我何渡为”，结果在乌江边自刎，年方三十一岁。年纪轻轻的，为什么会放弃希望？原因就在于他对失败的看法。胜败乃兵家常事，重要的不是他有多失败，而是他怎么解释。

心理学家威勒做过一项研究：针对在某次考试中成绩偏低的中学生，询问他们自认为考得差的原因何在？学生们的解释可以分为四个“因为”：我笨、我不用功、我运气不好、考试题目太难。就性质来说，“我笨”和“我不用功”属内在原因，跟自己有关；而“我运气不好”和“考试题目太难”则是外在原因，咎不在我。威勒发现，将考得差归于内在原因者，自尊心较受打击、有较负面的情绪反应；反之，将它归于外在原因者，则较少上述困扰，显得较轻松愉快。这也是为什么多数人在失败时，喜欢将它归于外在原因的主要“原因”。

从另一个角度来看，原因也可分为稳定和不稳定两类。“我笨”和“考试题目太难”属于稳定原因，而“我不用功”和“我运气不好”则是不稳定原因。稳定因素在下次考试很可能再出现，我还是一样笨而题目还是一样难，成功的预期显然就不高。但不稳定因素不见得会再出现，只要自己加油一点、运气好一点，成绩很可能就会进步，成功的预期自然会高一点。威勒的研究证实了这点，他追踪这些学生以后数次考试的成绩，发现原先认为自己考得差是因为不稳定因素的学生，成绩有了可见的进步；而当初认为自己考得差是因为稳定因素者，成绩则没有什么进步，甚至每况愈下。

项羽的“无颜见江东父老”表示他的自尊心很强，这种人喜欢把自己的失败归于外在因素——不是“用兵之罪”（自己用兵失误），而是“天之亡我”（上天的意旨）。但老天的意旨是不会改变的，它也是个稳定因素，项羽将自己的失败归于这个稳定因素，那他对未来的期望就会变得很低，在缺乏东山再起的强烈动机下，“提早退场”就成了他唯一的出路。

如果你想让心情愉快，那就要将失败做外在归因；如果你想东山再起，那就要将失败归于不稳定、可改变的原因。

第四章

社会竞逐中的人性

光环效应：王衍为什么能误尽天下苍生？

美的就是好的，大家习惯于将各种优点和荣耀归于美。

西晋时的王衍出身名门望族（琅琊王氏），长得是清明俊秀，风姿安雅，而又善于清谈玄理。他年轻时去找过竹林七贤之一的山涛，山涛曾感叹“误天下苍生者，未必非此人也”。后来王衍官至尚书令（宰相），但面对“八王之乱”的残局，不仅不思对策，还一味扯淡，搞得国是日非。在东海王司马越过世后，大家居然还想共推他当大元帅。最后石勒灭了西晋，王衍试图为自己脱罪，石勒骂他：“破坏天下，非君而谁！”

西晋的灭亡当然不是王衍一个人造成的，但王衍为什么能“误天下苍生”和“破坏天下”？有一个重要的原因是现代心理学里所说的“光环效应”。它意指一个人某种鲜明而突出的特质，会像日月的光辉扩散到四周，成为形成对他整体看法的决定因素。从记载可知，王衍最突出的两个特质是容貌俊美和系出名门。

先说容貌俊美的光环效应，就像希腊女诗人莎孚所说“美的就是好的”，或者像德国诗人席勒所说“肉体美乃是一种内在之美、心灵之美与道德之美的表征”，社会大众习惯于将很多优点和荣耀归于美。实验显示，要受测者根据一个人的照片（迷人程度不一）来推测他（她）的人格特征及生活质量时，大家都一面倒地认为外貌迷人者较敏感、和善、聪明、热忱、友好、自信、有能力、稳重；有较体面的职业，较能成为胜任的配偶，婚姻也较快乐。换句话说，美貌者不仅被认为有较好的人格特质，令人产生较高的交往兴致，而且在实质利益与个人快乐中占上风。

至于系出名门，实验显示，让受测者观看同一个学童的表现，但赋予他不同的出身背景（上层阶级或下层阶级），结果多数受测者认为，他若来自上层阶级，那他的学习潜能和实际表现都比来自下层阶级“好得多”。这显然就是系出名门所产生的光环效应。

王衍当然不是庸碌之辈，但无可讳言，他的容貌俊美和系出名门所产生的光环效应，让当时的人高估了他的能力，以为他处理政务和带兵打战的能力同样是“一流”的，结果却令人不忍卒睹。但认真说起来，王衍之所以能误尽天下苍生，不正是来自天下苍生对他这种人的错误认知吗？

天生倒霉：状元为什么会变成榜眼？

丑人处处吃亏，反映的是世人“丑陋的人性”。

在清朝袁枚的《随园诗话》里有段记载，汪应铨在中了状元后要纳妾，有位姑娘以为状元必定貌若潘安，欣然答应。谁知进了洞房却发现，这位汪状元不仅年已四十，而且“面麻身长，腰腹十围”，大失所望的她，后来竟因此抑郁而死。其实，汪应铨能当状元还算幸运，明朝的王艮和张和，已被主考官根据文章评定为状元，但因为“其貌不扬”，皇帝不喜欢，而被硬生生拉下来，前者成为榜眼，后者降为二甲。

人长得丑大抵是天生的，但却也成了天生的倒霉鬼。不管你在各方面有什么优异的表现，若加上个“丑”字，马上产生“扣分”作用。丑人吃亏的不只是给人的第一印象很差而已，心理学家昆因在分析一份全美的薪资调查资料后发现，容貌平庸男士的年薪比容貌迷人的男士少了两千美元，而长得不好看的女士则比长得好看的女士少了一千二百美元。这不得不让人怀疑，外貌的美丑是造成这种差别待遇的隐秘原因。

更有甚者，丑人还被认为具有“邪恶的本性”。研究显示，女大学生在看了一位七岁学童在校犯规的报告（附上容貌不一的照片）后，普遍认为貌丑的学童有较高的、习性使然的反社会冲动，较心怀恶意、较不诚实，而且将来还会再犯错。反之，她们却为外貌迷人学童的犯规找借口，觉得那可能是因为他心情不好，或者认为只是孤立的偶发事件。

也许我们应该说，丑人不是天生的捣蛋鬼，而是天生的倒霉鬼。他们不仅处处吃亏，而且一旦有错事发生，就立刻成为被怀疑和责备的对象。其实他们不是心怀恶意，而是社会大众先入为主地对他们心怀恶意。如果一个人在社会大众恶意的眼光下长大，结果变成为非作歹的恶人，那到底应该怪谁呢？

心理学家库兹伯格在纽约监狱的研究显示，容貌丑陋的罪犯在出狱后若接受整形手术，那么他们一年后再犯罪的比例比接受心理和就业辅导者减少了36%，这表示改善外在容貌确实可以减少犯罪活动，而且比其他方法来得有效，原因可能是来自与人接触时相互恶意的减少。

但要靠整形手术来减少世人对自己的恶意，实在是一件悲哀的事。从容貌丑陋者的身上，我们看到的其实是人类“丑陋的人性”。

美丽暗影：赵飞燕姐妹为什么被称为祸水？

表面上大家喜欢貌美者，但内心却有一股潜在的敌意。

在《飞燕外传》里，当汉成帝宠幸赵飞燕姐妹时，在宫中讲学的淳方成背后唾骂："这是祸水啊！一定会让汉室灭亡。"因为在五行里汉属火德，而水能灭火，淳方成才会如此说。"红颜祸水"就是这么来的，其他像妲己、褒姒、西施、杨贵妃等，也都是历史上有名的"红颜祸水"。其实，把国家衰亡和个人败德归咎于美女，是名副其实的"嫁祸"。

不过由此亦可知，世人对美女或俊男的态度，并没有表面上那样单纯。西晋时的潘安，是有名的美男子，据说他年轻时驾车到洛阳城外出游，姑娘们都争相丢水果给他，每每满载而归。除了貌美外，他文章也写得很好，但仕途一直不太得意，曾被忌妒他的群臣联手逐出朝廷，赋闲在家十年。很显然，当时社会上"有见识"的男人，并不像女人家那样喜欢他。

“爱美”虽是“人的天性”，但要先看对方的性别。实验显示，当我们看了貌美的异性照片后，心情会变得愉快，这种愉快主要来自性吸引力；但看的如果是迷人的同性照片，那我们的心情就会变得比较差，这显然是来自同性竞争中的模糊挫败感。大多数人都喜欢让自己心情愉快的迷人异性，但不见得会喜欢让自己心情低落的迷人同性，而这也正是心理学家所做调查的结果：长得非常迷人的俊男美女较少同性的朋友。

其次，迷人的异性也不见得都会让我们喜欢。实验显示，男人在和美貌的女士面谈后，如果得到她的正面评语，他会更加喜欢她；但得到的若是负面评语，他就会变得极不喜欢她，甚至觉得比丑女给自己负面评价“更令人讨厌”。

还有，貌美的人如果做了错事，虽然较容易被认为是无心之过，也较会被从轻发落；但如果美丽的女罪犯是引诱一名中年单身汉去投资空头公司，然后卷款潜逃，那么她反而会被加重其刑。这表示，外貌迷人者如果利用上天所赐的美貌来作为犯罪工具，那就会让人产生更大的嫌恶感。

所以，表面上大家看似喜欢外貌迷人者，但在内心深处却也有一股潜在的敌意，可能随时会发作。长得英俊或美丽，是你的运气，也是你的福气，需要好好珍惜；但如果你想利用这种优势去迷惑、欺压、诈骗不像你那么幸运的人，那就会让人感到非常厌恶，激起加倍的愤慨。

人要衣装：赵匡胤为什么需要黄袍加身？

穿得越体面，就被认为地位越高、行事越合法。

在有名的“陈桥兵变”中，原本要去讨伐契丹的后周军队将一件黄袍加在赵匡胤身上，庭下跪拜，三呼万岁，拥立他当皇帝。赵匡胤于是“顺应民意”，穿着黄袍引兵返回开封，迫后周恭帝禅位，建立了大宋王朝。史家大都认为这场不流血政变是早就预谋好的，否则黄袍从何而来？如果没有这件黄袍，那整个事件就会为之“失色”，因为黄袍是皇帝的服饰，黄袍一旦加身，赵匡胤就不再是检校太尉，而是高高在上的皇帝了，他的地位和权力都因而改变了。

俗话说“佛要金装，人要衣装”，但这个“装”不是你想怎么穿就能怎么穿，不同身份、地位的人在穿着上通常有一些约定俗成的规矩，譬如在古代，只有皇帝才能穿黄袍或龙袍，普通人随便乱穿是要杀头的。现代虽然宽松许多，但地位越高者穿着就越体面的原则还是没有改变。

心理学家在街头所做的实验显示：当一个人穿着代表尊贵地位的体面服饰穿越马路时，有较多的路人会跟着他违法穿越马路；但当他改穿肮脏破旧的衣服穿越马路时，跟着他违法的行人就显著减少。这表示一个人若穿得越体面，不仅会让人觉得社会地位越高，他的行为也会变得越“合法”，让更多的人起而效尤。社会学家对儿童的研究发现，在小学四年级和六年级的阶段，儿童即能根据服饰的款式、品牌去判断穿着者可能的身份、魅力和人格特质等，而且有相当的一致性，这种“以衣鉴人”的倾向和能力，显然是从小就出现并慢慢学习得来。

古代的皇帝一穿上龙袍，那他几乎就可以为所欲为。今天的法官、警察、医师、神父等，一穿上他们职业专属的“制服”，不仅可以“合法”地行使他们的权力，而且让民众、病人和信徒一目了然，看了之后，尊重与信心就会油然而生。研究也显示，刚刚升迁到较高职位的人，较会注重穿着，想借得体的服饰来增加他的“权威感”。

所以，穿着不只是为了蔽体和舒适而已，它还是权力的道具。你需要的也许不是“黄袍”，而是能合理传达你个人身份讯息的服饰。

服饰策略：辜鸿铭为什么穿马褂留辫子？

服饰的工具性价值是在塑造形象，让人联想到某种特质。

民国初年在北大任教的辜鸿铭，给人两个鲜明印象：一是头戴瓜皮小帽、身穿长袍马褂，脑后还拖着一条辫子；一是他鼓吹恢复帝制、歌颂缠足、主张一夫多妻，还做了一把茶壶需配几只茶杯的妙喻。至于他精通九种外语、学贯中西、拥有十三个博士学位这些事迹大家反而不甚了了。前面两件事之所以让人印象深刻，是因为他那古板守旧的外在装扮，跟他那古板守旧的内在观念“水乳交融，相互辉映”。

辜鸿铭这种古董派的装扮，跟胡适、陈独秀等西装革履的新派作风完全不一样。不同的装扮其实在传递不同的讯息，而不同的角色也需要不同的服饰，譬如电视新闻播报员，不管男女，穿着都正式而保守，连表情也相当严肃，显得古板而无趣，但这主要跟他们的角色有关。美国得州理工大学传播学系曾做过一项实验：新闻主播分别穿着保守、随便及时髦三种不同的服饰上场，播报同一则事先拟好的新闻稿，然后请观众依可信度、胜任度及诚实度来评断播报员的可靠印象，结果发现，当主播以保守的穿着播报新闻时，比其他两种形式的穿着让观众产生较多的可靠印象。

服饰最大的工具性价值就是在塑造特殊的形象，让人联想到某种特质。如果你想让人觉得可靠，那就要穿着保守一点；如果你想让人觉得热情，那不妨穿得鲜艳一点。街头调查显示，在诉求个人自由的请愿运动中，穿着随便反而能得到较多的签名支持。这就好像一个标榜前卫的艺术家，不只艺术前卫，连穿着也要跟着前卫，这样才能让人觉得对味。

为了塑造“良好而有力的形象”，“美国经营学会”对经理人员衣着方面的建议是：以深色而保守的款式为佳，深蓝或深灰色的三件（上装、背心、长裤）套装，配上白色或蓝色的衬衫、黑色的皮鞋、能盖住小腿的深色袜子。为什么做这种建议？因为研究显示，衣服的颜色如果太花哨、条纹太宽，都会使人不放心“把钱交给你”；袜子太短，跷起腿时若露出小腿上的黑毛（或是短袖衬衫露出手臂上的黑毛），都会让人想起“野兽”，而使你的说服力大为降低。

如果辜鸿铭的模样让你想起古板守旧，那你最好试着以旁观者的眼光打量镜中的自己，看看那会让人联想到什么。

不同流俗：王羲之为什么东床袒腹？

打扮得体，给人良好印象；标新立异，给人奇特印象。

晋室东渡后，太尉郗鉴一日派人到丞相王导家来物色女婿，王家子弟在得知消息后，都纷纷修饰打扮以求表现，只有一个人若无其事地袒露腹部躺在东床，嘴里还吃着胡饼。使者将见到的情形回报后，郗鉴问知在东床袒腹的那人是王导的侄子王羲之后，说："这就是我所要的女婿！"于是将女儿嫁给他。后来，王羲之成为中国十分伟大的书法家之一。

穿着打扮得体，给人良好印象；但不拘泥于礼俗，打破规矩，我行我素，则能给人奇特印象。王羲之的东床袒腹让人想起穿着牛仔裤和凉鞋到美国斯坦福大学毕业典礼上演讲的乔布斯（苹果电脑和皮克斯动画工作室的创办人）。当大家看到他这样"打扮"时，就知道那一定是一场特殊的、不同流俗的演讲。果不其然，乔布斯不谈什么"鹏程万里"这些老套，而是讲他生命中三个挫败的故事，然后要大家活出真正的自己，不要浪费时间去活别人认为你该活的人生。他不按常理出牌，演讲完毕，全场观众反而报以最真诚与热烈的掌声。

乔布斯从年轻时代开始，就经常穿运动衫、牛仔裤、短裤、运动鞋、凉鞋或光着脚丫去上班、召开业务会议、演讲甚至举办记者会。他的这种打扮不仅违反流俗，更犯了《成功的穿着》所说经理人服饰的大忌，但他完全不以为意。除了嬉皮出身的他习惯于把公认的高尚格调视为狗屎外，更重要的是他一向就是特立独行，对自己和自己的产品具有无比的信心，不必靠服饰来装点门面。

王羲之的东床袒腹显然也有这种意思。研究显示，缺乏自信者较会借得体的穿着来赢取他人好感，特别是在像第一次约会、应征工作等面临考验的时候；而在专业领域里较不出色的人，较有穿戴昂贵手表、眼镜的倾向，他们似乎想用这些显而易见的东西来弥补自己内在的不足。

想给人什么印象，就怎么打扮。如果你想给人良好印象，那你就照约定俗成的方式去打扮；如果你想给人奇特印象，那就不妨标新立异；甚至你根本不在乎别人怎么想，那当然就什么都随便你。但所谓“没有三两三，不敢上梁山”，引人侧目，不只需要勇气与自信而已，更需要像王羲之和乔布斯有经得起考验的本钱，以及郗鉴和斯坦福大学这样的识货者。

女性打扮：秋瑾为什么喜欢穿男装？

女人打扮得越女性化，就越容易被认为“缺乏能力”。

提起鉴湖女侠秋瑾，很多人脑中浮现的是她身着男装，英姿焕发的身影。从她在1904年赴日留学前的男式西装，到1908年慷慨就义时的玄色长衫，男装可以说是秋瑾最鲜明的外在表征。她为什么喜欢做男人打扮？就像她的一个名号“竞雄”，还有在《满江红》自填词里所说的“身不得，男儿列；心却比，男儿烈”，秋瑾不仅创办《中国女报》，主张男女平等，而且还投身革命，壮烈牺牲，其抱负与作为远胜世间多数男子。

女性打扮有比男性打扮更复杂的含意。传统的女性打扮即使不是要让人产生性联想，也是以凸显美丽动人、惹人怜爱为目标，而这又和“无才便是德”的传统女性概念一脉相承，结果打扮得越女性化，就越容易被认为“缺乏能力”。心理学家卡西的实验显示，多数的公司人事主管（不拘男女）

都认为打扮得较女性化的女性较不适合当经理或主管，即使两人天生的容貌相似，也以打扮得较男性化的女人较适合担任经理，这样的看法正在反映女性与能力关系的传统观念。

在那个男女有别、男尊女卑仍非常明显的时代里，秋瑾刻意做男性装扮，显然是要制造震撼效果，叫大家绝不能小觑她这个女人。一个世纪以来，虽然风气渐开，但一个女性若想让大家觉得“有能力”，打扮还是不能太女性化，譬如前英国首相撒切尔夫人，她那稍微烫过的金黄短发，薄施脂粉，蓝色系为主的丝质套装，深色的短高跟鞋……曾入选“世纪最佳服饰超级名单”，成为现在很多职场女性追随的典范。这种精明、干练的“铁娘子”造型，既温婉又刚毅，女性气质与男性气质兼容并蓄，是一种进化，但也是一种妥协。

现代女性虽然不必再以男性化的装扮来证明或暗示自己的能力，但专家还是建议，在正式或工作场合，女性的打扮还是以不要让人产生性联想为宜（除非她想利用这点）。试想一国的女首相或公司的女总裁，若身穿曲线毕露的上衣和迷你裙，脚踏外露蔻丹脚趾的三英寸[①]高跟鞋，在欢迎外宾的仪式上致辞或对公司全体员工训话时，忽然一阵风吹来，

---

①1 英寸约为 2.5 厘米。

裙角飞扬，露出雪白的大腿和黑色丁字裤，那将成何体统？

女人要如何打扮，当然有她的权利和自由，但她也应该知道，在多数人的心目中，“魅力”与“能力”是相克的。

媒体效应：袁世凯为什么想当皇帝？

媒体所提供的片面或虚假讯息，严重影响我们的判断。

袁世凯在当了“洪宪皇帝”没多久，被迫退位后，曾接受美国记者的访问。美国记者对他已经当了大总统，为什么还想当皇帝感到很迷惑，袁世凯把责任都推给了他的大儿子袁克定，而且说出了让美国记者更感惊讶的一件事：袁克定花了三万银元购买报纸印刷机，每天按照《顺天时报》的固定格式印制一份“宫廷版”《顺天时报》，把反对帝制的言论一律改为歌功颂德，请求袁世凯“俯顺民意，早正大位”的请愿，并放到他的桌子上。袁世凯说他就是受到这些虚假舆论的诱引，误判情势，等到发现真相时，已经骑虎难下，生米煮了半熟，只好硬干，谁知道当了皇帝没几天，原来的劝进声变成了一片声讨和反对，而使得恢复帝制的闹剧不得不匆匆落幕。

当然，我们可以说袁世凯自己想当皇帝，却怪罪袁克定是在推卸责任，但无可讳言，袁克定印制的假报纸所提供的假舆论，强化了袁世凯称帝的野心也是因素之一（而袁克定之所以如此热衷是因为袁世凯若当了皇帝，他就成了皇位接班人）。暂且不谈有心人士如何利用大众传媒“制造新闻”和“制造舆论”这类政治操作的问题，我们的认知和判断深深受到大众传媒的影响则是个不争的事实。

不管我们想进行任何了解和判断，都需要信息，而我们所能得到的信息主要都来自大众传媒。但即使不是刻意造假、扭曲，大众传媒所提供的也只是二手的、选择性的、片面的信息，它们既非事件的原貌，更非社会的全貌，根据这些信息我们常会做出错误的判断，譬如1993年美国运动明星辛普森爆发杀妻疑案后，美国媒体晚间新闻报道杀人事件的比率增加了721%，但实际发生的杀人事件却减少了20%，这也是为什么很多受测者居然会认为美国一年内死于杀人案的人数要多于中风致死的人数（实际上，中风致死人数是杀人致死人数的十倍）。大众传媒的信息强调的是新闻性、刺激性，它们和世界的真实情况有着很大的差距。

每天阅听大众传媒，只能让我们知道最近“似乎”发生了一些刺激的新鲜事，我们既难以断定其真伪，更无法从中窥知社会的全貌和律动。根据这些信息去做判断，就好像瞎子摸象，但多数人用的却都是这种方式，而且自认为相当“正确”。

宣传有术：陈子昂为什么当众摔琴？

宣传的目的不是要让你相信，而是要让你知道。

“前不见古人，后不见来者。念天地之悠悠，独怆然而涕下。”唐朝诗人陈子昂的这首《登幽州台歌》脍炙人口，千古传唱，但他年轻时从四川来到长安，住了十年，却一直默默无名。有一天陈子昂上街，见卖琴者一把胡琴索价千缗，引人好奇围观，他灵机一动，二话不说将琴买下，并请众人明天移驾宣阳里听他弹琴。翌日很多人闻声而来争睹，他拿起胡琴说：“蜀人陈子昂，有文百轴，不为人知。此贱工之伎，岂宜留心？”说着，当众将名贵的胡琴摔得粉碎，然后将他的诗文赠送给所有与会者。结果，陈子昂“一日之内，名满都下”。

你可以说陈子昂是在花大钱搞噱头，甚至说他是个骗子，但他只是想成为“谈论的焦点”，让大家知道有他这个人而已，而他也成功地达到了他的目的。这正是大部分广告和宣传的用意，古今中外皆然。广告原本多夸大不实，早在20世纪末，美国的一项调查就显示，六年级学童相信电视广告的说辞绝大多数是真话的只有12%；到高一时，比例更降至4%。其实，商人花大把钞票做广告宣传，真正的目的并不是要让你相信广告的内容，而是要让你看到或听到他卖的产品。

假设你想换一种新牙膏而到超级市场去，发现你没用过的品牌琳琅满目，价格也都差不多，那你最可能买哪个品牌？实验显示，让你觉得最熟悉的品牌对你最具吸引力，而所谓最熟悉就是最常出现在媒体广告中，让你看过或听过的品牌。单单因为你看过或听过，就能增加你购买的意愿。这也是很多日常用品在大量广告后，销量即跟着大幅上升的主要原因。

不只商品，各种学说、制度、宗教甚至每个人，也都需要宣传和推销，而所有的宣传都是以增加曝光率、打开知名度、让人知道为首要之务。有人调查选战期间各候选人在各大媒体的版面占有率，结果发现以版面占有率的多寡（不问内容）来预测候选人当选与否的准确率高达83%。

买下昂贵的胡琴，然后当众将它摔得粉碎，是陈子昂引起社会注意，让大家看到和听到、进而谈论他的宣传手法。

事实证明非常有效，因为不管他诗文写得多好，总得先让大家知道有他这个人，然后才会去注意到他的诗文，而且发现的确写得很好，于是“一日之内，名满都下”。

马太效应：替关公刮骨疗毒的为什么是华佗？

当你有名时，很多荣耀都会依附你，于是你就更有名。

关公因箭创未愈而刮骨疗毒，在历史上可能真有其事。但《三国志》只说：“羽（关公）便伸臂令医劈之……臂血流离，盈于盘器，而羽割炙引酒，言笑自若。”只是史书里的“无名医生”到《三国演义》里却变成了“名医华佗”，而且华佗还是“因闻关将军乃天下英雄”，主动上门医治的。其实，真正的华佗在关公刮骨疗毒之前七八年就死了，《三国演义》穿凿附会，由“千古名医”华佗来医治“盖世英雄”关公，主要是想制造相得益彰的戏剧效果。

在《三国演义》里，除了关公外，曹操、吴国的周泰、广陵太守陈登等也都是华佗的病人（大部分亦见于正史），但国学大师陈寅恪指出，这些事迹可能也都是改编自印度神医耆域的故事（“佗”在梵文里意指药王神），他认为当时中原可能有一位华姓医生，因医术高明，结果印度神医、中国名人都纷纷附会于他，如此“大放异彩”后，“华佗”遂成为中国历史上的“第一名医”。

这其实是所谓的“马太效应”。《圣经·马太福音》说“凡有的，还要加给他，叫他多余；没有的，连他所有的也要夺过来”，心理学家将此引申为任何个人或团体，一旦在某方面获得成功和声誉，就会产生一种积累优势，使得更多的成功和声誉纷至沓来；默默无名者即使做出成绩，也因为无人闻问而被抹杀，结果就造成好的愈好，坏的愈坏；多的愈多，少的愈少；富者愈富，贫者愈贫。真正为关公刮骨疗毒的那位医生，医术其实不错，可惜名气不如华佗，结果功劳和名声都被归于华佗，华佗就变得越来越有名；而那位医生则越来越无人理睬，终至被淡忘。其实，关公“忠义无双”的形象大抵也是这样来的——他本来可能就比别人忠义，但在“马太效应”下，很多本来属于别人的忠义表现也都附会于他，结果越积越多，关公的忠义就成了天下“无双”。

这也是我们今天在各行各业常见的共同现象，譬如某位行家因表现不错而有了名气后，大家纷纷登门来找他，使他更有表现的机会、更有名气，最后连他徒子徒孙做的都挂他的名，荣耀也都归他。这当然很不公平，但不幸的是，造成这种现象的“马太”就是你和我。

芝麻开门：姜太公钓鱼为什么离水三尺？

自我推销是“在对的地方遇到对的人，做出对的事”。

姜子牙是很多人公认的中国第一位军师、第一位大谋略家，他不只在辅佐周武王姬发消灭商纣的军事行动中发挥他的长才，更以高明的自我推销术引起西伯侯姬昌（周文王）的注意，进而成为姬昌的辅弼重臣，尽情地施展他的抱负。姜子牙所用的方法，简单说就是“在对的地方遇到对的人，做出对的事”，而每一个环节都显示出他对人性的充分掌握。

姜子牙原本在商朝当个小官，目睹纣王无道，又听到姬昌被囚禁在朝歌时的种种表现，认定姬昌才是他要找的“对”的人。在姬昌回到周地后，姜子牙也离开了朝歌，选择到“对”的地方——渭水边垂钓，因为姬昌经常在这一带打猎。现代的心理学研究显示，“邻近性”是发展各种人际关系最重要也最自然的途径。没多久，姬昌和姜子牙果然“不期而遇”，而此时，姜子牙所做的正是一件“对”的事——也就是他那特殊的垂钓法：鱼钩离水面三尺，钩上没有饵，而且用的是直钩。

为什么说这是一件“对”的事？因为任何人看到这种钓鱼法，都一定会感到不解、好奇，而想要问个究竟。这正是姜子牙的用意，姬昌看了果然感到奇怪，而主动和姜子牙攀谈。姜子牙除了说他钓鱼是“愿者上钩”外，更带出了治国平天下的大道理。原本就因姜子牙的特殊行径而对他“另眼相看”的姬昌，听了更是大为折服，于是水到渠成，姜子牙就这样被延揽入朝，成为姬昌的辅弼重臣。美国心理学家山多斯做过一个实验，他雇人扮演游民在街上乞讨，有的对过路人说：“能施舍我一个夸脱（非常普遍的二角五分硬币）吗？”有的则说：“能施舍我三角七分钱吗？”结果，后一种说辞让掏钱的路人增加了60%，原因就在于它听起来很“特别”，能制造“惊奇”的效果。姜子牙的渭水垂钓，要制造的正是这种效果。

姜子牙之后，不少人更将这种自我推销术发扬光大，譬如西汉的魏勃胸怀大志，想要求见齐相曹参却不得其门而入，于是每天早上拿着扫帚到曹参一位侍从家的门前打扫。不久，侍从就对门前为何总是特别干净感到好奇，某天起个大早，发现正在扫地的魏勃。在追问晓得原因后，侍从对他另眼相看，于是将他引介给曹参，而魏勃也因此平步青云，官至右丞相。

正是“戏法人人会变，巧妙各自不同”。

第五章

人情好恶里的人性

投其所好：奕订为什么能成为咸丰皇帝？

你要让人喜欢，就要先留意对方喜欢什么。

清朝的道光皇帝晚年钟爱六阿哥奕䜣，颇想把皇位传给他，但四阿哥奕詝却排序居长且有贤德之名，因而犹豫不决。奕詝的老师杜受田为了帮助他夺得皇位，两次面授机宜：一次是诸皇子去南苑打猎时，杜受田要他和随从不发一枪一矢，等皇上问起为何毫无斩获时，才回答说“时方春和，鸟兽孕育，不忍伤生以干天和；且不想以弓马一技之长，与诸兄弟争高低”。一次是在道光病重而召见奕詝和奕䜣时，杜受田要他皇上若自言病老将不久于世，问起有何安邦治国大计时，“你只管俯地流涕以表孺慕之诚”。客观而言，奕詝的文韬武略都不及奕䜣，但就是这两次得体的应对，而使道光决定传位给奕詝，也就是后来的咸丰皇帝。

杜受田的秘诀其实很简单，就是“迎合对方的心意”，他设身处地去揣摩道光皇帝喜欢什么、看重什么，然后要奕讫“投其所好”，照道光最喜欢的方式去做去说。

多数人都渴望能得到别人的喜欢、青睐，特别是和我们有重要关系的人；为了讨对方欢心而在言行上迎合对方的心意，也是很正常的事。有一项针对普林斯顿大学女学生的研究显示，在安排她们和一位男士互动前先做人格与智力测验，如果先透露那位男士来自三流大学、缺乏魅力而且已有女朋友，那不管他喜欢什么样的女性，都不会影响这些女生在人格与智力测验中的表现。但如果说对方是同校名系、英俊潇洒而且正在找女朋友的高才生，那么若说他喜欢传统女性，则这些女生的人格测验就会显示出较多的传统女性特质，而且智力测验的成绩也变得比较差。这显然就是在投合对方所好。

其实，只要自认为没有太“扭曲”自己，多数人也会这样做。关键是在这个实验里，这些女大学生很明确地知道甚至被提醒“对方喜欢什么”，但在多数的人际互动中，我们却很少“留意”到这点，而倾向于照自己的方式去表现，譬如奕䜣在狩猎时就大肆屠杀，斩获的猎物最多；又在病重的父皇面前口沫横飞，大谈他的安邦治国大计。这固然让他得其所哉，但也因此迷失了人际互动真正的目的和方向。

时时提醒自己，在人际互动中你要的是什么？若是想让自己喜欢，那随便你；若是想让对方喜欢，那就要看着办。

马屁分野：薛宝钗为什么能讨贾母欢心？

有效的赞美与无效的谄媚，只差那么一点点。

在《红楼梦》的黛钗两位佳丽中，贾母显然是更喜欢薛宝钗，后来还将她许配给贾宝玉，这除了宝钗性格开朗温厚，较得人缘外，跟她的善于奉承和赞美贾母也有很大关系。譬如生日请戏班子来唱戏，薛宝钗知道贾母“喜热闹戏文”，在点戏时就特别点了《西游记》猴儿戏，让贾母高兴。而在贾母提起凤姐的“巧”时，宝钗便说：“我来了这么多年，留神看起来，二嫂子凭她怎么巧，再巧不过老太太去。”这句赞美真的说到贾母的心坎上，自觉很“巧”的贾母果然高兴地接着说：“我如今老了，哪里还巧什么？当日我像凤哥这么大年纪，比她还来得呢。”

大家都知道，奉承是讨人喜欢的一种方法，但奉承必须“投其所好”，如果对方喜欢听音乐会，你却请他去看篮球赛，那效果就会大打折扣。薛宝钗能以贾母的喜好而非自己的喜好去点戏，显示她在这方面的功夫很到家。

赞美也是我们博取他人好感的重要途径，但赞美其实有两种：一种是“有效的赞美”，称赞的是对方的确有或他自认为具有的优点，而且要不留痕迹，让人听了觉得很正点、贴心。另一种则是“无效的赞美”，称许的是对方没有或他自认为没有的优点，或者说得太露骨，让人觉得“虚假”，结果往往就变成了拍到马腿的马屁。薛宝钗对贾母的赞美非常“有效”，因为它是在贾母提起凤姐时，她才借风使力，而且她夸赞的是贾母感到自豪的优点。

实验显示，一个自觉漂亮而不聪明的人，喜欢别人赞美他漂亮，但不见得喜欢别人赞美他聪明。所以，合适而明智的赞美并非要将没有说成有，或将一分夸大成十分；而是将五分说成八分或九分即可。宝钗夸赞贾母“巧”，让贾母想起了“当年勇”，不过她也知道如今已不比从前，因为每个人都有自知之明，过分夸大的赞美不仅无效，而且会让对方怀疑你是在讽刺。如果当时还有旁观者在场，那你的赞美还可能会被其他人认为是在谄媚。

在《红楼梦》里，薛宝钗是一个比较“识大体”的人，这个“识”，有一大部分是来自她对人性的了解和掌握。如何以“有效的方式”让人喜欢，就是最基本的功夫。

批评有理：李宗吾为什么要南怀瑾骂他？

骂人简单，但要骂得能让人另眼相看则是学问。

很多人都读过李宗吾的《厚黑学》，南怀瑾在为该书所写的序言里说："在我的印象里，李宗吾一点也不厚黑，可以说还很厚道。"他特别提起李宗吾有一次对他传授成名之道："我看你这个人有英雄主义，将来是会有所作为的。不过，我想教你一个办法，可以更快地当上英雄。要想成功、成名，就要骂人，我就是骂人骂出名的。你不用骂别人，你就骂我，骂我李宗吾混蛋该死，你就会成功。不过，你的额头上要贴一张大成至圣先师孔子之位的纸条，你的心里要供奉我厚黑教主李宗吾的牌位。"

为什么骂人能出名呢？说刘邦、曹操、刘备等脸厚心黑，是在揭人短处，实验显示，说人家的短处比说长处会更引人注意；越引人注意，你自然会越有名。另外，骂就是批评，你骂或批评某人，虽然会让当事者讨厌，但只要骂或批评得有理，第三者可能反而会对你另眼相看。

心理学家阿玛拜做过一个实验，他从《纽约时报》周日版的《书评》专栏里选出两篇评论小说的文章，让一群大学生阅读。这两篇文章的写作风格及水平类似，但有一篇对所评小说充满了赞美之词，另一篇则对所评小说提出了不利的批评。学生读后，阿玛拜要他们评估两位作者的功力及受欢迎程度，结果多数学生都认为批评文章的作者文学功力较高，但较不被喜欢。

这是一种两难，赞美别人的表现，虽然能讨人喜欢，却容易被认为自己没有什么真知灼见；如果加以批评，虽然会让人觉得自己功力较高、看得较透彻，但却容易得罪人、惹人厌（惹人厌当然也可以出名）。为了减少惹人厌，批评时通常需加上一个冠冕堂皇的理由，譬如李宗吾所说的“额头上要贴一张大成至圣先师孔子之位的纸条”。但更多人则以“赞美与批评兼而有之”的方式来处理，南怀瑾用的就是这种方式，他为《厚黑学》所写的序言，表面上是在说李宗吾并没有像一般人所想的那样“坏”，这是温和的赞美；但却也说“我没有照他这个办法办，所以没有成名”（其实南怀瑾也很有名，但靠的不是骂人），这种间接的不赞同就是温和的批评。我们可以说南怀瑾是“寓批评于赞美”。

批评有理，但怎么批评得能让人赞美，则是一门学问。

增减效应：解缙的祝寿联为什么受人喜爱？

3+2 和 7-2 的答案一样，但给人的感觉不一样。

主修《永乐大典》的解缙是明朝初年的大学者，自幼聪颖非凡，有神童之誉。他才思敏捷，尤善诙谐，民间流传很多关于他的逸闻。有个故事说：解缙的一位好友为母亲做寿，宾客请他写对祝寿联，解缙于是即席挥毫，右联上款写的是“八旬老母不是人”，左联上款则是“生来儿子都是贼”，大家看了都讶异万分，皱起眉头，正要指责他太煞风景时，只见解缙在“八旬老母不是人”下接着写“却是仙女下凡尘”，而在“生来儿子都是贼”下续的是“偷来蟠桃献至亲”。宾主看了，不仅转怒为喜，而且高兴得不得了，对解缙报以满堂彩。

解缙的这对祝寿联之所以会特别受人喜爱，主要是因为他用了“先贬后褒”法，这比一味地歌颂赞美更能打动人心。有个实验说，将大学生分成四组，每人都有七次机会“旁听”

到某一位同学（心理学家预先安排的同伙）对他的评论。第一组听到的七次都是对他的批评（纯贬抑）；第二组听到的七次都是对他的赞美（纯褒扬）；第三组听到的前四次为程度递减的批评，后三次为程度递增的赞美（先贬后褒）；第四组听到的前四次为程度递减的赞美，后三次为程度递增的批评（先褒后贬）。结果显示，最让人喜欢的是先贬后褒，它比纯褒扬更受欢迎；而最让人讨厌的则是先褒后贬，比纯贬抑更不受欢迎。

这种差别主要来自心理上的得失感。听到赞美是“得”，但一味的赞美却难以再让人有“得”的感觉，喜欢就会处于搁浅状态；听到批评是“失”，但一再听到批评也不会增加对对方的恶感，因为也难再有“失”的感觉。而先贬后褒（从批评递减到赞美递增），让人每次都有“得”的感觉，因此会越来越喜欢对方。反之，先褒后贬（从赞美递减到批评递增），却让人每次都有“失”的感觉，结果就会越来越不喜欢对方。

3+2 和 7–2 的答案都是 5，但给人的感觉很不一样，前者是在增加，给人“得”的感觉；而后者则是在减少，给人“失”的感觉，这就是由得失理论而来的“增减效应”。聪明的商家在称东西给顾客时，总是先拿少一点放在秤盘里再一点点添加，而不是先放多一些再一点点拿出。

聪明的人在议论别人时，也应该先提出批评再一点点添加赞美（先贬后褒），而不是先赞美再一点点拿走变成批评（先褒后贬）。

物以类聚：崔沆为什么喜欢崔瀣？

交情若要深，你我志同道合不如彼此臭味相投。

唐僖宗时，崔沆当主考官，录取了一位名叫崔瀣的考生，大家感到非常惊奇，笑称他们是“座主门生，沆瀣一气”。沆瀣，意指夜间的水气，崔沆和崔瀣原本没有关系，但当两人不期而遇时，想必会比和其他人来得更情投意合，后人遂将彼此意气相投，特别是臭味相同者称为“沆瀣一气”。

崔沆会喜欢崔瀣，是所谓的“物以类聚”。研究指出，好友或情人通常会彼此类似，这个“类”包括年龄、教育程度、经济状况、宗教信仰、人格特质、嗜好，甚至身高、外表魅力，等等。类似的条件越多，就越会彼此欣赏、喜欢。

不过在“物以类聚”的过程中，“聚”的作用绝不下于“类”。密歇根大学的研究发现，在政治态度、艺术品位、休闲活动等方面类似的人固然会成为好友，但即使在很多方面不相类，譬如一个刚从高中毕业、喜欢前卫艺术的新生和一位已服过兵役、转读商学系的老鸟，只要住同一个寝室，还是能成为好朋友，而且由此建立的友谊反而能让人生更加丰富。

其实，同类的人会彼此喜欢，主要也是来自“聚”。大家会选择与自己类似的人在一起，因为这样较谈得来，彼此会较喜欢；反之，避免和自己差太多的人在一起，主要是担心对方可能会不喜欢我们。但有实验显示，如果确知对方会喜欢我们，那么多数人反而会选择跟自己不相类似的人聊天，因为这样较能有新奇感；但如果确知对方会不喜欢我们，那就会选择与自己类似的人在一起，以避免更进一步的话不投机。

另外，“类似”的范畴相当广，层次也有别。譬如同样的哲学见解和同样的打麻将嗜好，哪一种“类似”会让人彼此更加喜欢，而成为好友呢？研究显示，与活动有关的类似性较能让人彼此喜欢，换句话说，经常在一起打麻将比具有同样的哲学见解更能培养友谊，除非哲学见解也能提供给大家一起活动的机会，但这种机会显然比在一起打麻将少太多，所以“牌友”总是比“哲友”亲密得多。而这恐怕也是“君子之交”会“淡如水”，但“小人之交”却能“甜如蜜”的原因。

崔沆会喜欢崔瀣，那崔仁也会喜欢崔义，不过似乎少了什么味道。“志同道合”固然能让人彼此欣赏、喜欢，但如果能再加上一些“臭味相投”，那就会让人更加欣赏、喜欢。

同中有异：唐太宗为什么说宇文是小人？

不论大小事都跟老板看法一致，反而难以获得欢心。

《资治通鉴》记载：有一天，唐太宗散步到一棵大树下，停步观看，说："这棵树长得真不错！"随侍在侧的宇文士及立刻随声附和，也对那棵树赞不绝口。唐太宗听了，正色说："魏征曾经劝我要疏远谄佞小人，我不知道他指的谄佞小人是谁，但心中一直怀疑是不是就是你？现在听你这么说，果然就是你！"宇文士及吓得立刻叩头谢罪。

大家都喜欢意见跟自己一样的人，道理很简单，除了彼此谈得来外，还可因对方的认同，加强自己观念正确的愉快感觉。但如果什么事都附和对方的意见，那不只容易让人认为你是"谄媚的小人"，而且也不见得会让对方更喜欢你。

研究显示，在有主从的人际关系中，上司最喜欢的是在大事（如国家前途、公司营运）上跟他看法一致，但在小事

（哪家餐厅好吃、麻将制胜秘诀）上观点不一的下属。因为若是不管什么问题，对方的意见都跟自己一样，那他几乎就成了自己的影子或应声虫，缺乏个人独特的魅力；特别是身为下属，这种唯唯诺诺更有逢迎拍马的嫌疑。但如果下属能在大事上跟上司意见一致，增加上司的自尊；而在小事上又有自己的看法，表示自己的独特性，那反而能获得上司的欣赏和喜欢。所以，一个“聪明”的下属，不必凡事都附和上司的意见。

其实，意见相左也不见得就都是喜欢的毒药。研究显示，如果一个人很关心某个议题，那他当然会喜欢原先就跟自己看法相同的人，不过他却会“更喜欢”本来和自己意见相左，但经过他游说而接受他看法的人，也就是说，皈依者比效忠者会让人更加喜欢。另外，意见不同的人也可能会彼此喜欢，实验显示，跟我们意见不同的人如果喜欢我们，那会让我们觉得格外兴奋。因为尽管彼此意见相左，对方却仍喜欢自己，那表示我这个人另有一些让他着迷的特点，他喜欢的不是“我的意见”而是“我本人”，这种喜欢就会让人格外兴奋。

所以，如果自己对某些问题的看法确实与对方（包括老板）不同，似乎也不必为了想讨对方欢心而不敢表示或说假话。如果你能坦然说出自己的意见，同时表明虽然你跟他意见相左，但你还是非常欣赏、喜欢、尊重他，那不仅能显出你的本色，而且还会让对方更加欣赏、喜欢、尊重你。

失态效应：谢安为什么能让人更加喜欢？

有能力但也有些小瑕疵、小失误，才会让人更喜欢。

提起东晋名臣兼名士谢安，大家最常想到的是他在淝水之战中的表现：当晋军大败前秦的捷报送到时，谢安正在与客人下棋，他看完捷报，不露声色地继续下棋。客人忍不住问他，谢安才淡淡地说："没什么，孩子们已经打败敌人了。"等客人告辞后，谢安回到内室，按捺不住兴奋的心情，在跨过门槛时，一个踉跄，竟把脚上木屐的屐齿碰断了。

谢安素以风度优雅、沉着镇定著称，他的踉跄碰断屐齿，可以说是一种失态，但正因为这种失态，而使我们觉得他更"可亲"，也更加喜欢他。表面上，有能力的人受人赞扬，让人喜欢；但很多研究都指出，能力与受欢迎间存在着矛盾关系，譬如有实验显示，当一个团体在解决问题时，表现得最有能力、提出最佳对策的人，并非该团体中最受欢迎的人。一个非常能干的人其实会让人觉得不舒服，因为他让我们自叹不如，感觉他高高在上。但如果既能干又谦虚呢？那等于有了两个优点，让我们更加自惭形秽。所以在内心深处，我们其实是不喜欢“完美的超人”的。

假设有 ABCD 四个人参加机智问答游戏，主持人问的题目相当深奥，A 和 B 对答如流，两人在二十道题目中都对了十九题；C 和 D 则显得能力不足，二十题中都只答对六题。答完问题后，主持人即席访问他们，但在谈话中 A 和 C 都不慎弄翻了自己面前的一杯水，沾湿了衣服，显得有点狼狈。如果你是观众，那你对这四个人的喜欢程度如何？心理学家威乐曼的实验显示，多数人最喜欢的是 A，也就是“有能力而失态”的人，他比“有能力又不失态（镇定）”的 B，更受人喜爱；而最不喜欢的则是 C，也就是“没有能力又失态”的人。

如果谢安从头到尾都沉着镇定、不动如山、完美无瑕，那可能会让人觉得“受不了”。能力比别人强，修为比大家高深，本就容易招人忌妒或让人敬而远之，如果你不想招来忌妒，也不想让人疏远，那你最好在其他方面有些“失常”的表现，这样不仅能让人松一口气，也会让大家更加喜欢你。

所以，不必担心自己有什么瑕疵。聪明人应该知道，一个有能力但也有某些缺点或偶尔会失误及失态的人，才是大家真正喜欢的人，而这也才是我们可以达到的做人目标。

反败为胜：唐德宗为什么要下诏罪己？

认错不仅是勇敢、成熟的行为，而且还受人欢迎。

唐德宗刚即位不久，就有好几个节度使举兵反叛，公元783年，长安失守，德宗仓皇逃亡，被叛军追杀到奉天城。次年春天，他痛定思痛，改年号为“兴元”，颁布《罪己大赦诏》，历数自己的罪过，说“天谴于上而朕不悟，人怨于下而朕不知”“上累于祖宗，下负于蒸庶，痛心腼面，罪实在予”。分命中央与地方官员宣谕，因为诏书的文字真挚动人，在颁布宣谕后，“四方人心大悦”“士卒皆感泣”，民心大振，局势也因而改观，不久，动乱即告平息。

皇帝“下诏罪己”，就是公开向人民道歉，承认自己的过错。虽然有人认为这只是在遇到危难时笼络人心的一种伎俩，但即使是表面文章，在历史上“下诏罪己”的皇帝却还是寥寥可数。这牵涉到一个基本的人性——多数人都喜欢“文过饰非”，因为若承认自己犯错，那就表示自己的能力有问题，自尊心会受到伤害，所以就百般为自己的过错狡辩。一般人尚且如此，更何况是“天纵英明”的皇帝？所以，权位越高或者自尊心越强的人，就越不可能公开承认自己的错误，并为错误负起责任和道歉。

但这只顾及自己的自尊和人性，却没有考虑到给别人的观感和他们的人性。其实，你有没有过错，别人通常看得比你清楚，你一味地文过饰非，只会让人增加对你的恶感，甚至开始可怜你。但如果你勇于认错，那么大家不仅比较容易原谅你，而且还会更欣赏你。1980 年，伊朗的恐怖分子劫持美国大使馆馆员，全球瞩目，事件僵持了很久，最后，美国总统卡特下令让特战部队强行解救人质，结果行动失败，被劫持的人员因而丧生。卡特总统立刻在电视机前，悲伤地向美国民众承认自己的错误，并道歉说：“一切责任都在我。”结果，原本民意支持度很低的卡特，在做了上述表白后，他的支持度竟骤然增加了 10%。1961 年，肯尼迪总统主导的“猪湾”事件失败，导致千余名古巴流亡人士在登陆时被古巴政府逮捕，肯尼迪也公开向美国人民承认错误，表示歉意，民意调查显示，他个人受欢迎的程度反而迅速蹿升。

认错，其实是一种勇敢、成熟、展现改过诚意而且受欢迎的行为，只是很多人错失了这个反败为胜的机会。

礼尚往来：少年包拯为什么不进富翁家？

如何分别“人情”和“收买”？关键在于“接近性”。

以廉洁公正、铁面无私著称的包拯（包公），年轻时和李见居在寺庙读书，出入都会经过一位富翁的家门，但未曾打过交道。有一天，富翁在家门口守候，等两人经过时，特地邀请他们到屋内坐坐，两人都推托另有他事而没有进去。改天，富翁又殷勤地请他们去喝酒，李见居想要前往，包拯却正色说：“他是个有钱人，你我将来也许都会成为地方官，现在随便和地方上的有钱人交往，你不怕将来会成为一个包袱吗？”

大概只有像包公这样一丝不苟的人才会有如此的“远虑”。但它也说明一件事：自古以来，人情包袱就是中国社会里一个严重而又令人头痛的问题。

当有人对我们表示好意，给我们好处时，我们通常都会因此而心生好感，进而喜欢对方。这原是培养感情常有的事，但如果在你对他产生好感后，他却希望你礼尚往来，也能给他一些好处时，那原先的“人情”就会变成“包袱”，甚至“贿赂”。除了贪官污吏、寡廉鲜耻之徒外，很少人会喜欢这种带有收买意图的人情或好意。所以，想通过这种方式来让人喜欢，并非无往不利，有时还会弄巧成拙。就拿送礼来说，虽然俗语说“礼多人不怪”，但如果所送礼物的价值、时间点和动机让收受的人感到“奇怪”，那通常就会造成反效果。

实验显示，即使只是接受对方小小的馈赠（一瓶可乐），过没多久却被要求必须帮对方做一件枯燥无味的事，虽然是实验的规定（并非对方提出），但因为离请喝可乐太“接近”了，让人产生联想，心里不是滋味，所以反而会更不愿意帮忙。

区别人情和收买的关键在于“接近性”。“接近性”不外时机、目的和人，因此，有“远见”的人会拉长时间，从二十年前就开始和你培养感情（当然，碰到包拯这种有“远虑”的人就没辙）；或是逢年过节送礼而非在审判、开标前送礼；或是强调礼物是送给嫂夫人、贵公子或令千金，而不是送给你本人的。这样做和这样说，目的都是要拉开“接近性”，淡化你可能的联想和反感。而如果你无心插柳，在单纯向对方表示好意后没多久，忽然有事需要对方帮忙，那么在提出要求时最好谨慎一点，因为那会使他产生“受骗”的感觉，出现较大的心理反弹。

自我揭露：韦小宝为什么能让人剖腹相见？

透露自己的隐私，对方会更加喜欢你，还会回报你。

《鹿鼎记》里的韦小宝虽然是个混混，但却到处吃得开，人缘极好。他除了善于察言观色、谄媚拍马外，还有一个绝招就是能让人对他推心置腹。譬如在涉入《四十二章经》的争夺战时，他居然能让年纪一把的陶宫娥道出她未入宫前的闺名、服侍过崇祯皇帝的长公主等个人往事，让韦小宝喊她姑姑，更和盘托出《四十二章经》内藏清朝龙脉的天大秘密。陶宫娥为什么会对韦小宝如此推心置腹？原因就在于韦小宝先主动向陶宫娥透露："我没爹爹，我娘是在窑子做婊子的。"

金庸对此的描写是：陶宫娥先是一怔，随即满脸堆欢，喜道："好侄儿，英雄不怕出身低。……你连这等事也不瞒我，足见你对姑姑一片真心，我自然是什么都不瞒你。"于是也对他剖腹相见。韦小宝为什么这样做？金庸替他所做的设想是“要骗出人家心里的话，总得自己最见不得人的事先抖了出来”。这叫“自我揭露”，韦小宝也许不是存心要“骗”，但它的确是让对方喜欢，进而跟着剖腹相见的好方法。

心理学家亚特曼的研究显示，自我揭露是人际关系发展过程中一种基本的“社会交换”。人与人交往在开始时都只是交换一些浮面的讯息，但要建立更热络与亲密的关系，就需要有更广泛与更深入的自我揭露，包括个人的隐私、狂想、忧虑、弱点、缺点等。有人以为透露这些“见不得人”的事或想法，会让对方瞧不起，因而讨厌、疏远你；但实验显示，只要不是太突兀，对方不仅会因此更加喜欢你，而且还会“回报”你，也对你揭露他的隐私，而使你们的关系进入另一个层次。

韦小宝向陶宫娥透露“我妈妈是妓女”这个隐私，所带来的正是这种效果。自我揭露虽然会让人觉得你对他推心置腹，但也不是万灵丹，如果“交浅言深”，一下子揭露得“太快”或者“太多”，那反而会让对方感到不自在；如果他还没有准备好或不愿意做相应的揭露时，就会对他造成心理威胁，让他产生防卫心，甚至怀疑你的动机。这时还是要学韦小宝，他有一次也向方怡自我揭露，但刚说到他母亲在妓院里的生活，看到方怡脸色大变，机灵的他立刻打住，编个谎话蒙混过去。

与人交往，若想山高水长，自我揭露总是比自我隐瞒来得真诚而有效，只是揭露的时机和量要有所斟酌。

边际效益：司马光为什么推荐刘器之当官？

对人要雪中送炭，因为它的边际效益远大于锦上添花。

北宋名臣司马光在元祐年间出任宰相时，推荐刘器之到国史馆任职。有一天刘器之来访，司马光问他："你知道我为什么推荐你吗？"刘器之回答："因为我们是旧交。"司马光说："不是。其实是因为我闲居在家时，您经常来问候；而在我担任宰相后，却只有你没有来过信，这才是真正的原因。"

司马光的意思是当他失势落难时，刘器之仍然雪中送炭，和他维持很好的友谊；而不像其他人只有在他当了宰相后才来趋炎附势、锦上添花。这种做人处事的态度让司马光很欣赏，所以他特别推荐刘器之出任要职。

所谓"人情冷暖"，指的正是多数人都是"势利眼"，当你得势时，大家都抢着来趋炎附势、锦上添花；而当你失势时，众人则纷纷走避，甚至落井下石，少有人会雪中送炭。但大部分的人可能都会像司马光一样，喜欢和欣赏对我们雪中送炭者更甚于锦上添花者，这不只关系到对方的“人品高低”而已，还涉及人性中的“边际效益”问题。

“边际效益”原是个经济学概念，举个简单的例子来说，当你肚子饿时，给你一个包子，你吃得津津有味，你会赋予这个包子很大的价值。吃完一个包子，再给你第二个包子，你继续吃，你还是会赋予它很高的价值，但已比第一个包子要低一些。如此继续下去，等你吃了五个包子，肚子饱胀后，再给你第六个包子，那你不仅会觉得它已经没有什么价值，甚至还会感到厌恶。这叫“边际效益递减”，意指每一新增物品的边际效益要低于前一个。对饥饿的人来说，每一个新增包子的效益都相当大，但当他吃了一定量的包子后，每一个新增包子的效益就自动变小了。

这个原理用在人情世故上就成为：当你得势时，很多人都争先恐后来锦上添花，但它们的“边际效益”却会逐次“递减”；到后来，甚至对有人登门来添花就会感到厌烦。反之，当你失势时，因为门前冷落、内心空虚，此时如果有人雪中送炭，专程来问候你，你就会觉得特别温暖、特别高兴，也因而会特别喜欢和看重对方。

所以，“与其锦上添花，不如雪中送炭”。这不只是做人处事的道理，也是洞悉人性的做法。

得失皆宜：曾国藩为什么相信天命？

知命能让你乐天，还能让人觉得你谦虚而更加喜欢你。

清朝中兴名臣曾国藩所领导的湘军，在与太平天国的战斗中原本是“屡败屡战”，但从咸丰八年起就变得很顺，在攻克九江后更是气势如虹，自信当年即能剿灭太平军时，却在三河之役里全军覆没，曾国藩之弟曾国华、李续宾、李续宜各将帅皆死。曾国藩受到严重的打击，事隔多年后，他在日记里说：“偶思咸丰八年四月葛罣山扶乩，即已预知有是年十月三河之败，温弟（指曾国华）之变。天下万事皆有前定，丝毫不能从人力强求，纷纷思虑亦何补邪？以后每日当从‘乐天知命’四字上用功，治事则日有恒课，治心则纯任天命。”

将战争的失败及士卒的惨死归于人力不可抗拒的“天命”，而非自己决策的错误，是典型的“自利性归因”，可以减少自己的罪恶感，让自己心情好一点。所谓“乐天知命”，其实是“知命”而后让人“乐天”，这也是很多人为什么会相信命运的原因，因为它对心灵的创伤具有很大的抚慰作用。

不过曾国藩的相信天命有比这更深刻的意义。前面已经提过，多数人虽然会将自己的失败或不幸归于不可控因素（天命即是其中之一），但却喜欢将自己的成功归于可控因素（自己的努力、选择等），这种“自利性归因”当然也是为了增加自尊。但曾国藩在提到自己的成功时，依然相信有天命的因素，早年他从“赐同进士”出身，在短短十余年间官至二品（侍郎），在官场上可说是平步青云，但他并不认为这是因为自己优秀，而同样将之归于天命。他在给陈源兖的信中说：“不特仆不自意其速化至此，即知好三数人，亦未敢为此不近情之称许。可见命数有定。”也许这是曾国藩在他人面前所做的谦虚之辞，但这种谦虚不仅会让人觉得修养好，而且就像实验所显示的，将自己的成功归于不可控或外在因素（也就是不自我炫耀），能减少他人的忌妒，让人更加喜欢与尊重你。

将成功和失败都归于天命，似乎给人消极的感觉，但曾国藩所具有的其实是儒家的天命观：“天命不二，君子修身以俟之。”所谓“谋事在人，成事在天”，命运虽然存在，但却是不可知的，君子仍然需要“尽其在我”。从心理学的角度来看，这样的天命观在你失意时能抚慰心灵的创伤，在你得意时又不至于太自我炫耀，而让人更加欣赏喜欢你，是相当不错的。

第六章

说服策略里的人性

投桃报李：慈禧太后为什么爱打麻将？

要想达到目的，真正的关键是让对方心情愉快。

《清稗类钞》记载，慈禧太后经常召诸王福晋、格格到宫里打麻将，特别是庆王的两个格格更是常客。慈禧爱打麻将，因为她每打必赢，赢了自然心花怒放。但慈禧每打必赢是有原因的，原来庆王的两个格格为讨慈禧欢心，暗中拜托站在慈禧背后观牌的两位宫女，看慈禧需要什么牌而向她们打手势，她们就装作无意打出那些牌，让慈禧“一马当先”和牌。和了牌的慈禧不仅赢了钱，两位格格对她的“技艺超群”更是赞不绝口，她不高兴也难。但两位格格也是别有图谋，她们趁着慈禧开心，立刻跪地叩头请求老佛爷赏赐她们的亲朋好友一个肥缺。正在兴头上的慈禧，通常就爽快地答应了。

这是一种“双赢”，慈禧赢了钱和快乐，而两位格格则赚到了肥缺。从某个角度来看，格格们投资一点小钱，却得到肥缺的报酬，是说服策略里常见的“投桃报李”法，或是俗语所说的“偷鸡也要一把米”。但它却比贿赂、送礼要高明许多，一般的贿赂或送礼太直接，意图太明显，会让人心生戒慎；请吃饭可能好一点，而打麻将输钱则更是“高竿”。

心理学家詹尼斯曾做过一个实验：让两组人聆听一系列有争议性的论点，A组边听边吃花生米、喝苏打水，B组什么也没吃，只是静静地听，结果A组被说服的人数远多于B组。为什么会有这种差别？原因是吃花生米和喝苏打水，让A组人感到心情愉快。人在心情愉快时，就显得比较漫不经心，思考比较懒散，决定也比较迅速，“什么事都好商量”，结果就比较容易被对方所说服。

所以，真正的关键是让对方“心情愉快”，任何能让对方心情愉快的活动、场景或东西，都具有类似的效果。送钱、送礼、喝花酒、请吃饭，万流归宗，目的都是在让对方“心情愉快”，更愿意也更容易接受自己提出来的要求。两位格格陪慈禧太后打麻将，想办法故意输钱，就是要让她产生“双份的快乐”——赢钱的快乐和“技压群雌”的快乐。在对方加倍的快乐气氛中，达到自己想要的目的。

现在时髦的做法是“在高尔夫球场谈生意，在办公室谈高尔夫球”，它显然也是来自同样的心思。只是如果你想要拿到订单，那你就要懂得输，输得让对方心花怒放。

爱屋及乌：宋江为什么夜访李师师？

我们因为喜欢某人，也跟着相信、喜欢他推销的东西。

《水浒传》第七十二回，宋江一行人来到京师，在茶坊里和茶博士攀谈，知道名妓李师师就住在前面时，宋江便唤过燕青，附耳低言道："我要见李师师一面，暗里取事。"燕青于是去接头，然后宋江以"山东财主"的身份，带着柴进、戴宗等人去拜访李师师……

宋江夜访李师师，并非想要附庸风雅或帐里销魂，而是他知道李师师和当今圣上宋徽宗打得火热，有意接受朝廷招安的他想找李师师撮合，在宋徽宗的耳边替他和梁山上的好汉们说些好话。用现代术语来说，就是宋江希望李师师能当他和梁山好汉的"广告代言人"。王婆卖瓜，自卖自夸的效果不大，但如果能请具有影响力的人替你宣传、推销，那效果就不仅是事半功倍而已。宋江是聪明人，自然晓得这一点。

广告代言人有多大说服力，一要看他的可信度，譬如牙医代言某种品牌的牙膏，他的专业权威会让人觉得他的话可信；一是要看他的受欢迎度，譬如 NBA 小巨人姚明代言苹果电脑、麦当劳，他的广受民众喜爱会让大家爱屋及乌，也跟着喜欢他所代言的产品。研究显示，最受欢迎的广告代言人是运动明星，他们不只广受群众喜爱，而且形象清新、稳健、自信，说的话让人觉得较可信赖。其次是影视明星、歌星，而且在影剧里演“好人”的，在广告里说的话就会有较大的说服力。

但有时候，代言人并不一定要有什么知名度，只要外表迷人、声音甜美即可。实验显示，美丽的女性——单单只靠她的美丽，就能使她所说的话（跟美容无关的意见）产生更大的影响力，而且越公开表达想要影响我们的渴望，我们就会越听她的话，好像我们想要取悦她，讨她欢心似的。

李师师是天下第一名妓，又是宋徽宗最喜欢的女人，宋江找她代言，可以说威力十足。当然，招安是重大而严肃的问题，请“明星”做广告代言，可能不像要你买麦当劳或咖啡等生活用品那样具有影响力，但就事态的发展（虽然只是小说）来看，却也是一次非常成功的代言，这不仅因为李师师是宋徽宗最喜欢的女人，也因为宋徽宗对梁山好汉早有所闻，对如何招安让他们为朝廷效命也有所思，就只差那么临门一脚。而经常，这关键性的一脚就在于你如何掌握人性。

师出有名：苏东坡为什么在殿试时作假？

一个讯息的说服力，主要来自它的周边线索。

苏东坡二十岁参加科举，殿试题目是“刑赏忠厚之至论”，他在文章里引经据典说“当尧之时，皋陶为士，将杀人。皋陶曰杀之三（杀他有三个理由），尧曰宥之三（赦免他有三个理由）”，并借这两位名人来议论赏罚宽严的问题。发榜后高中榜眼，考官梅尧臣问他引用的典故出自何书，自己好像没读过。苏东坡竟然笑着回答那是他自己杜撰的，但他辩解：“圣君一定会这样做这样说的，对不对？”

显然，苏东坡在年纪轻轻时就不仅艺高人胆大，而且还洞悉人性，知道将自己想说的话冠上“古圣先贤曰”，既可以增加那句话的分量，而且显示自己的博学，一举两得，作文得高分。你可以说苏东坡这样做形同“作弊”，但谁叫梅尧臣这些考官要迷信古圣先贤、子曰诗云，而着了他的道儿呢？

一般说来，说服有两个途径：一是呈现东西实质内涵的中心途径，一是提供其他相关线索的周边途径。中心途径虽然较实在，但需要有较多的学识去做判断，花较长的时间去理解，一般人缺乏这种能力和耐心，通常都是先仰赖周边途径，譬如一句话或一篇文章，要先看是谁说的谁写的，再决定要不要阅读、说得好不好。心理学家霍夫兰做过一个实验：让一群美国人阅读一篇有关“核潜艇”的文章（当时还没有核潜艇），文章内容完全一样，但署名的作者不同，结果看到作者是“奥本海默”（在美国是鼎鼎大名的原子物理学家）的读者，认为该篇文章很有说服力；而看到作者是《真理报》（苏联的一份官方报纸）的读者，却认为该篇文章是在胡扯。除了“师出有名”（名人写的、伟人说的）外，文章的字数较多、附有统计数字、图表，也会被认为水平较高、较正确，这些周边线索跟文章的水平与可信度其实没有必然的关系，但却成了多数人用来筛选文章，甚至判断文章良莠的“快捷方式”。

你会这样想，自然就有人会大肆经营周边条件，而成为说服你，让你拍案叫好的“快捷方式”。苏东坡还没有名气时，会借助尧与皋陶来替自己撑腰；等他有名了，又有人借他的名字来出书（譬如《艾子杂说》署名的作者就是苏东坡，但一般认为那是伪作）。这种向名人“借光”的做法在中国有深厚的传统，难怪有时“伪书”会大行其道，而且本本畅销了。

换位思考：利玛窦为什么要改变世界地图？

想得到认同和信任，就要站在对方的立场来看问题。

明朝万历年间，利玛窦到中国来传教。当时中国人对他宣扬的天主教教义兴趣也许不高，但他所带来的自鸣钟、三棱镜、世界地图、几何学等却让人张大眼睛。为了让中国人了解世界之大，利玛窦曾手绘《坤舆万国全图》，那是中国历史上第一张世界地图，先后被刻印了十二次。但如果我们看这幅地图，很快就会发现它和当时欧洲流传的世界地图不一样，在利玛窦的《坤舆万国全图》里，中国位于地图的中央，而欧洲与美洲则分别在左右边陲；但在当时欧洲的原版世界地图里，位居地图中央的是欧洲，美洲和中国则在左右边陲。

利玛窦为什么要这样做？因为他知道中国人认为中国乃位居世界的“中央”（所以名为“中国”），利玛窦想要得到中国人的好感和认同，不只要了解中国人的想法，而且需从中国人的角度去看问题。从他踏上中国土地的那一天起，他就入乡随俗，学中文、穿儒服（刚开始还像佛教僧侣般剃光头、穿袈裟），研读中国古籍，从《中庸》《周易》等书中撷取跟“帝”有关的条目，将它们和天主教义中的天主融会贯通。他尊重中国传统习俗，允许教徒祭祀祖先；他颂扬中国文化的博大精深，感叹“柏拉图在《理想国》中的理想，已被中国付诸实践”。你可以说这是利玛窦在“讨好”中国人，但它其实是一种高明的说服策略，叫“换位思考”。

有位心理学家为了了解幼儿“为什么”在人多的场合常会哭闹，他就蹲下来，从幼儿的位置和角度去看世界，结果发现幼儿在人群中没有办法看到别人的脸，只能看到大家的腿，这种“视觉上的不安”导致幼儿在人群中哭闹。这就是“换位思考”，站在对方的立场，以对方的想法、感受去看问题。

研究显示，当老师和学生“换位”，站在学生的立场去思考时，可以和学生产生共鸣，使教学过程更顺利、质量更高。医护人员和病人“换位”，用病人的身份去感受，可以更加了解病人的需求，让医疗更符合人性、也更有效。销售人员和顾客“换位”，从顾客的角度去分析利弊得失，可以赢得顾客的认同和信任，而更容易说服对方，让生意成交。

要想说服别人，不管是要他信奉天主、接受避孕或购买汽车，你都必须先认同他，站在他的立场来看问题和说话。

自己人效应：触龙为什么能说服赵太后？

强调彼此的共通点，可以让对方更容易接受你的意见。

公元前265年，秦国攻打赵国，赵国向齐国求救，齐国要求必须以赵太后的小儿子长安君做人质才愿意出兵。赵太后疼爱儿子，坚决不允，并说如有再进谏者“必唾其面”。左师触龙求见，太后愠怒接待，触龙先提起自己脚有病，行动不便，因而关心起太后的身体和饮食来。太后说她最近都坐车、吃粥，触龙说他食欲也不好，但还是每天坚持散步。彼此嘘寒问暖后，太后的脸色缓和许多，触龙于是提起他钟爱的小儿子，央求太后能允许他到宫中当一名卫士。太后关心地问起他儿子几岁，并对父亲也这样疼爱儿子表示好奇，两人竟对男人与女人谁较疼爱儿子争辩起来，触龙因而说太后疼爱儿子不如女儿，太后不同意。触龙于是说“父母爱孩子，必须为孩子做长远的打算”。提醒太后当初把女儿远嫁燕国时，虽然伤心，但还是祝福她不要再回来，希望她的子孙能相继在燕国为王，这是在为女儿做长远的打算。如今太后疼爱儿子长安君，虽然给他最好的封地和财宝，但却不让他为赵国立功，这怎么是真心疼爱儿子的长远打算呢？赵太后于是被触龙说动，立即送长安君到齐国当人质，而齐国也很快出兵，解救了赵国。

触龙游说赵太后是中国说客史上一个非常高明的案例。触龙当然是为了人质一事去见太后的，但从头到尾，他没有分析什么利弊得失，甚至没提到人质两个字，结果竟能让太后的态度产生一百八十度大逆转。他所用的策略及所发挥的作用，现代心理学称为“自己人效应”，就是让对方觉得你和他是“同一伙”的，是“自己人”，这样不仅可以缩短彼此的心理距离，而且会让对方更喜欢你，也更容易接受你的意见。这种策略最常用的方法就是强调自己跟对方“共通的地方”，譬如到外地去，就要用当地语言和人打招呼甚至唱一两首当地的民谣，研究显示，这对让当地人接纳你非常有效。触龙利用赵太后同他一样年老，身体、饮食不便、同样钟爱小儿子的共通点切入，引起赵太后的“共鸣”，觉得他和她是“一伙的”，减少了情绪性的排斥，对什么才是真心疼爱儿子的长远打算自然较能做理性思考，而达到触龙意在言外的游说目的。

因为意见不同，所以才需要说服。要想让对方接纳，最好不要站在他的“对面”，而应该跟他站在“同一边”说话。

调和效应：鲁迅为什么说要拆掉屋顶？

在拒绝一个大要求后，就不好再拒绝另一个小要求。

1927 年 2 月，鲁迅到香港以《无声的中国》为题做演讲，他说："中国人的性情是总喜欢调和，折中的。譬如你说这屋子太暗，须在这里开一个窗，大家一定不允许的。但如果你主张拆掉屋顶，他们就会来调和，愿意开窗了。没有更激烈的主张，他们总连平和的改革也不肯行。"他特别举白话文的通行为例：当有识之士提倡白话文时，保守人士强烈反对，随后钱玄同又提出"废止汉字，用罗马字母来替代"的更激烈主张，保守人士更加愤怒和担忧，遂放过比较温和的文学革命，而全力去骂钱玄同。白话文乘此机会，减少了许多敌人，"反而没有阻碍，能够流行了"。

我们可以称此为"调和效应"——如果你不答应我的小要求，那我就提出更大的要求，逼你让步。在策略运用上，它经常变成"以退为进"——也就是先提出一个大要求，在被拒绝后，再提出一个小而合理的要求（它才是当事者真正的要求）。看似退让，但却可以增加第二个要求被接受的机会。

心理学家西亚丁尼曾做过如下实验：在校园里征询路过的大学生是否愿意担任义工，陪行为偏差的青少年到动物园玩两个小时，答应的大学生有 17%；改天，同样拦住路过的大学生，先问他们是否愿意担任行为偏差青少年辅导计划的义工，每个礼拜要花两个小时，计划历时两年。几乎每个大学生一听就立刻摇头拒绝，实验者于是又问他们是否愿意花两个小时陪行为偏差的青少年到动物园玩，结果，有 50% 的大学生答应这个要求，比前面的 17% 高出许多。

这种策略为什么会有效？原因有二：一是知觉对比，因为第二个要求在和第一个大而困难的要求相较之下，变得“没有什么”，较容易被接受；二是投桃报李式让步，在拒绝对方一个要求后，你会觉得对他有所“亏欠”，因此也较容易答应对方的第二个小要求。在上述实验里，如果受测大学生没有明确拒绝第一个要求，或是第二个要求是由其他人提出，那他们答应第二个要求的比例都会大幅减少。

不管是要开天窗不被允许，所以才提出要拆掉屋顶，或是先大剌剌地提出要拆掉屋顶，但其实只想让对方答应开天窗，鲁迅都可以说是一个深谙人性三昧的人。

得寸进尺：黄石公为什么能让张良替他穿鞋？

在提出一个大要求前，最好先让对方答应一个小要求。

辅佐刘邦建立大汉王朝的张良，有一则妇孺皆知的故事：他替桥上的一位老人家（黄石公）穿鞋，黄石公称赞他“孺子可教”，而送给他一本兵法书，张良后来就靠这本兵法书帮助刘邦夺得天下。故事似乎是在倡导敬老尊贤，它不仅是在做好事，而且还善有善报。但从另一个角度来看，张良之所以会替黄石公穿鞋，除了他宅心仁厚外，还有一个重要的前行因素，就是黄石公先要他将掉到桥下的鞋子捡起来，在张良照做后，黄石公才又提出穿鞋这个更苛的要求，张良答应第二个要求，其实是在反映一种常见的人性，叫“登门槛效应”。

“登门槛效应”原意是指推销员只要能让对方答应开门，把脚踏进他的门槛，那就有很大的机会能推销成功；现在则用来泛指先让对方答应一个较小的要求，然后再提出一个较大的要求，那么较大要求被接受的可能性即大增的现象。它也叫“得寸进尺法”，意思是说，如果你想要对方给你“一尺”，那你就让对方先给你“一寸”。

心理学家弗里曼在加州小镇做过如下实验：由一人乔装是小区交通安全协会的成员，询问小区住户是否愿意在住家窗户上贴一张“安全驾驶”的三英寸见方贴纸，很多人都答应了，而且也照做了。两个礼拜后，另一个乔装的协会成员又来到同一小区，问住户是否愿意在住家的草坪上插一块看起来不太美观的“小心驾驶”标语牌。结果，已经在窗户贴了交通安全贴纸的住户有76%答应这个令人有点为难的要求，而第一次听到这个请求的住户只有17%答应。

这种得寸进尺法可以被运用在很多方面，譬如加拿大癌症学会以传统方式直接向多伦多市民募款，成功率为46%；但采用心理学家普利纳的方法后，募款成功率竟高达90%！诀窍就是将募款分为两个步骤：第一天先请在场的市民戴一枚为癌症慈善捐款做宣传的纪念章，每个参加者都同意了；第二天，再请这些佩戴纪念章的人们捐款，结果成功率就多出一倍。

黄石公如果直接要求张良：“你把桥下的鞋子捡起来，然后替我穿上！”这样的要求就显得太过分，张良会不会答应很难说。但黄石公显然不会这样说，他知道必须将它拆成两个要求才较能被接受，因为他是一个“智慧老人”。

低球策略：袭人为什么能让宝玉听她规劝？

在产生愉快的期待后，你会接受更苛刻的条件。

在《红楼梦》里，袭人虽然只是个丫鬟，但宝玉却颇为听她的话，这除了两人有“初试云雨情”的亲密关系外，袭人的善于察言观色与掌握宝玉心理也是关键，而最具代表性的当推第十九回《情切切良宵花解语　意绵绵静日玉生香》：袭人利用母兄来访的机会，骗宝玉说她就要被赎身离开贾府，回家待嫁（其实她已严词拒绝母亲的提议），让宝玉听得是发怔发急，伤心落泪。但就在宝玉不知如何是好时，袭人却笑说只要宝玉依她两三件事，那她就绝不离开。宝玉连忙笑道“别说两三件，就是两三百件我也依”。于是袭人提出三个她希望宝玉能改的毛病：一是不要再说生生死死的痴话；二是“做出个喜欢读书的样子来”，不去讥讽读书上进的人，再不可毁僧谤道；三是“再不许吃人嘴上擦的胭脂了，与那爱红的毛病儿”。宝玉忙不迭点头应允：“都改，都改。”

若是在平时，袭人不管是为了宝玉还是自己好而提出这三个要求，宝玉都不仅不会答应，甚至还可能大发脾气，但这次宝玉为什么说“就是两三百件我也依”呢？因为袭人使用了社会心理学里所说的“低球策略”——先提出较简单或较诱人的条件，等对方答应并产生愉快的期待后，再提出较苛刻的后续条件，就好像棒球投手投出的球看似“低球”，但在进入本垒板时却忽然“上飘”，变成高球一般。

心理学家西亚丁尼以实验证实了它的效力：他先问一群修心理学的大学生是否愿意参加一系列可以获得成绩加分的实验，等他们答应后，再告诉他们实验开始的时间是早上七点钟（很不方便的时间），结果答应来参加的有56%，届时真正来参加的为53%。但若先透露实验开始的时间是早上七点钟，然后再说只要参加成绩就可加分，那么同意参加的即降为31%，届时真正来参加的只有24%。

很多推销员都精于这种“低球策略”，因为它可以减弱对方的抗拒性，而使自己游说的成功率大为增加。袭人比一般推销员高明的地方是：她先假借将被赎身离去的事由让宝玉的情绪陷入谷底，适时丢出“低球”（只要依她两三件事），使宝玉的期待变得更殷切，等他答应后，再娓娓道出那三件事的内容，这样效果就会变得更好。

片面之词：鲁肃为什么能说服孙权不降曹？

想说服人要先搞清楚对方想听什么，自己又想要什么。

赤壁之战是《三国演义》里的重头戏，当曹操率百万大军压境时，东吴的将领与谋士几乎一面倒地主张投降，但出使刘备处回来的鲁肃私下劝谏孙权："众人皆可降曹，惟将军不可降曹。"因为众人降曹仍可易君事曹，官品不丢，"将军降操，位不过封侯，车不过一乘，骑不过一匹，从不过数人，岂得南面称孤哉？众人之意，各自为己，不可听也。"孙权听了感叹说："诸人议论，大失孤望。子敬开说大计，正与吾见相同。"这对吴国由主降转为主战，起了很大的引导作用。

要想说服人，提供正反意见的"两面说法"看似较客观与完整，但效果不见得比只提供一种观点的"片面之词"来得有效。第二次世界大战期间，美国军方想要说服官兵"太平洋战争可能还会持续很久"时，曾分别使用两种策略，片面之词只提日本的优势，两面说法则同时分析日本的优势和弱点，结果发现两者的说服力差不多，关键在于官兵个人原先的想法——原本就认为“战争可能持续很久”的人较易被片面之词所说动，而原本持相反意见的则较易被两面说法所说动。

鲁肃在说服孙权时，用的是片面之词法，只提投降曹操对孙权如何不利，却不谈战争（不投降）可能的严重后果。他会采取这种策略，主要是因为他已窥知孙权的立场比较倾向于不投降（对东吴诸将领与谋士的投降建议沉吟不语），此时“单表”投降之害的片面之词（鲁肃本人刚好也是不降派）不仅可以让孙权听得入耳，而且还能强化他的这种立场。而如果做客观分析，呈现利弊互见的两面说法，则是徒生犹疑，节外生枝，那鲁肃不仅在跟孙权过不去，也是在为自己找麻烦。

每个人对每个问题多少都有些预设立场，对不同立场的人，需要使用不同的说服策略。大多数的公众人物也都深知个中三昧，所以在立场与自己相同的群众面前，他们都会说出较为偏颇的片面之词，以获得忠诚追随者的掌声，并强化他们的信念。但在中间立场或原本反对自己意见的人士面前，则会较客观地说出两面说法，为自己塑造开明的形象，借以博得对方的好感和支持。你可以说这是“见人说人话，见鬼说鬼话”，但也可以说他很清楚自己说话的对象想“听”什么，而且知道自己想“要”什么。

动之以情：大乐透为什么登报急寻中奖者？

一个栩栩如生的个案比一大堆统计资料更具说服力。

2007年8月9日，第07032期超级大乐透在广州中出一注二百七十万元的二等奖，大奖落在花都区花山镇的01161投注站。但过了一个多星期，一直无人来领奖，广州市体彩中心于是登报寻找该大奖得主，8月23日这位幸运儿终于现身，是一个被称为马先生的年轻生意人，媒体少不了又是一番报道。

体彩中心的登报急寻中奖者，固然是出于一片好心，但“中奖者可能就是你”的提醒，对鼓励大家购买彩券也有相当大的促销作用，其实，每次开奖后，体彩中心提供“奖落谁家”的讯息供媒体报道，也都是一种巧妙的游说策略。要说服一个人（譬如买不买彩券）不外动之以情或晓之以理，提出客观的统计数字（中头奖的概率是几千万或几亿分之一）是诉诸理智的说服方式，而提出单一的特殊个案（某个餐厅小妹中了头奖）则是诉诸情感的说服方式。在要不要买彩券这件事上头，动之以情显然比晓之以理来得有效。

其他事情也差不多。假设你想买一部新车，阅读《汽车评鉴》后发现，各项统计数据都显示A品汽车是数一数二的，看过车后，印象也很好，于是你决定购买A品汽车。但就在付款的前一晚，一位好友忽然对你说他的堂兄去年买了一部A品汽车，结果麻烦不断，一下子这里出问题，一下子那里出问题，现在开车老是担心，不知道下次哪里会出问题。听了这番话后，你是否会动容而重新考虑？客观来讲，这只是一部A品汽车的遭遇，《汽车评鉴》是根据一千部A品汽车所做的统计，即使把你朋友那位不幸堂兄的案例加进去，样本变成一千零一部，也不会影响统计结果，A品汽车还是数一数二的，应该不会改变你的决定才对。但事实不然，心理学家尼斯贝特的实验显示，多数人在这种情况下，都会再重新仔细考虑的。这表示，大部分的人容易受到一个孤立但却栩栩如生的个人经验影响，而无视于理性的统计资料。

要说服一个人，在“晓之以理”后，他并不见得会“动”，想让他动容或动心，诉诸情绪的方式还是要胜过诉诸理性的方式。这也是体彩中心会提供“奖落谁家”的讯息供媒体报道，以及很多商品在促销时会请爱用的消费者现身说法，以及讲述错失良机者如何悔不当初的原因。

危言耸听：郑袖为什么会救张仪？

越吓人越有说服效果，但必须附带解除恐惧的方法。

战国时代，张仪为了秦国的利益欺骗楚怀王，楚怀王将张仪拘禁，并准备将他杀掉。张仪于是透过好友靳尚去游说楚怀王夫人郑袖，靳尚对郑袖说："你不久就要失宠啦！"郑袖问什么原因，靳尚说："张仪是秦王的重臣，如今被楚王拘禁，秦王想用土地和美女把张仪赎出，楚王贪利爱色，必然会答应。将来秦女挟秦为重，必然成为王后，而你就会失宠了。"郑袖一听觉得事态严重，忙问该怎么办，靳尚说："你最好想办法让楚王赦放张仪，张仪出狱后必然会感激你，秦国就不会让秦女来楚国了。"郑袖觉得很有道理，于是在楚怀王面前尽力为张仪开脱，楚怀王最后就放走了张仪。

要说服一个人可以有正反两种手法：正面手法是描绘一个美丽景象，让人心向往之；负面手法则是指出一个可怕后果，让人心生畏惧；靳尚用的就是负面手法。研究显示，负面手法的游说效果不仅不逊于正面策略，有时候还更胜一筹。负面手法总是脱离不了危言耸听，问题是要将对方“惊吓”到什么程度。有人认为如果说得太可怕了，反而会受到抗拒、排斥、逃避，使得效果尽失，所以最好是给予适度的惊吓就好。但有相当多的实验显示，越能激起强烈恐惧感的手法，越容易让人采取正面的预防措施。

譬如在倡导小心驾驶时，让驾驶员观看车祸现场血淋淋、惨不忍睹的影片，远比只呈现车身凹陷、提醒他们可能因违规而被罚款、吊销驾照等来得有效。劝导瘾君子戒烟的研究也显示，让他们看吸烟者罹患肺癌，开胸进行血淋淋手术的彩色影片（高度惊吓），远比简单说明吸烟对身体有害，建议他们戒烟（低度惊吓）及让他们看一位年轻吸烟者胸部 X 光片显示罹患肺癌的影片（中度惊吓）要来得有效。

但最重要的是在惊吓对方后，必须立刻提出一个简单、有效的解除恐惧的方法。靳尚在惊吓郑袖后，立刻提出简单、有效的解除恐惧的方法——让楚王赦放张仪。就像在恐吓驾驶员和瘾君子后，立刻提出开车时系安全带、戒烟和去照张胸部 X 光片的对策般，这样才能发挥惊吓的效用，达到游说的真正目的。如果没有确实可行的对策，却一味地制造恐惧，那不仅没有效果，而且会让人产生反感，衍生出更多的麻烦。

心理反动：周瑜为什么要与曹操决一死战？

为了维护自主性，你要我往东，我就偏偏要往西。

在《三国演义》里，当鲁肃游说完孙权，让他坚定“不降曹”的立场后，鲁肃又带着诸葛亮来游说周瑜。诸葛亮用的则是截然不同的策略：周瑜对或战或降原也举棋不定，但当他露出“战则必败，降则易安”的试探性口风时，诸葛亮立刻附和说“公瑾主意欲降操，甚为合理”，不仅要他投降，而且主动献策——建议效法古代和番政策，将大乔与小乔两位美女送给曹操。结果惹得周瑜勃然大怒（小乔乃周瑜之妻），要与曹操势不两立。诸葛亮还一再劝他“事须三思，免致后悔”，但周瑜已经如此这般被推上了主战的不归路。

传统上，诸葛亮所用的游说策略称为“激将法”，用现代心理学的语汇来说，诸葛亮是故意说反话，让周瑜产生“心理反动”，而做出与诸葛亮建议相反的抉择（但这才是诸葛亮真正想要的）。现在街头经常有请路人签名支持某某活动的摊位，心理学家海尔曼在街头的实验显示，如果你好奇想去了解或在听志愿者讲解时，突然有人走过来，对你说："这个名你绝对不能签！你不要听他乱讲，你签了就是不明事理，贻害社会！"那么这种威胁和阻挠，反而会增加路人签名的概率。阻挠的企图越明显、越强烈，当事者就越会反其道而行，这就叫"心理反动"。

我们在做判断或选择时，虽然会想听听他人的意见，也会受到他人意见压力的影响，但如果压力太明显、太嚣张，让人觉得对方是想逼我们就范时，我们的自由感和自主性就会受到威胁，为了保护自主性，多数人都会产生心理反动，你要我往东，我就跟你唱反调，偏偏要往西。自尊心越强的人，这种心理反动就会越明显。诸葛亮之所以一再说"投降有理"，要周瑜投降，而且还提出办法，其实就是要让周瑜产生心理反动——"你要我投降，我就偏偏不投降！"如果诸葛亮连吴抗曹心切，而一再建议、怂恿甚至逼迫周瑜要战斗到底，那周瑜的自主性受到威胁，可能反而会主张投降或走自己的路。

一般说来，当你想说服人时，最好是不着痕迹，不要让对方看出你有想要影响他的意图。但像诸葛亮这样，能巧妙地利用对方的心理反动，同时还让他很有尊严地认为那是他为了维护自主权所作的自由抉择，则更加高明。

第七章

团体压力下的人性

从众行为：表决为什么要用举手方式？

想讨好众人、避免惩罚，使我们附和多数人的行为。

每个人都开过会，开会到最后难免要有所表决。表决有记名投票、无记名投票、按键表决、举手表决、逐一唱名表决，等等。方式很多正意味着各有优缺点，无记名或按键表决虽然在意见表达时较隐秘自由，但也容易让表决者辜负所托；举手或唱名表决虽然有以示负责之意，但众目睽睽，难免会给表决者不小的压力。会采用何种表决方式，经常有其特殊的考虑。

心理学家阿瑟做过一个实验：七到九个大学生一组，公开回答卡片上的 ABC 三条线段何者和另一条标准线段等长。这很好认，判断错误的机会几乎等于零，但阿瑟故意安排每组学生除了一人外，其他都是他的同伙；在依序公开回答时，这些同伙都异口同声说出错误的答案，结果，每组中那名孤单的学生（被安排在倒数第二个回答）心理发生动摇，而跟着“指鹿为马”。平均而言，他们认同于多数错误判断的次数高达 37%；有 75% 的人至少有一次附和错误的判断。

心理学将此称为“从众行为”——在团体的压力下，个人会表现出附和、顺从多数的行为。世上有不少情况因为本身的复杂或暧昧，在判断时缺乏客观标准，此时参考多数人的意见无可厚非，但线条的长度固定而清晰，为什么当多数人颠倒是非时，一般人还是会屈从呢？进一步调查显示，大多数“从众”的学生只是表面顺从而已，内心其实并不相信其他人的说法；如果不是在众人面前公开说出，而是用笔写下他的答案，那么他附和众人错误判断的比例就会大幅降低。这也清楚说明了举手或逐一唱名表决，为什么会让人产生从众压力，而且比无记名投票更扭曲个人真正想法。

研究显示，佯装型从众行为的原因有二：一是想讨好众人，希望因此而得到大家的认可；在一个团体中，表现出最多从众行为的是地位中等而且想要向上爬的族群，因为他们最需要讨好别人，而地位最高和最低的族群反而我行我素，较不会附和他人。另一个原因是想避免惩罚，担心若和大家唱反调将会受到排挤或处罚，在越威权、越高压的社会和文化里，从众行为就会越严重，但其中很多人显然都是敢怒不敢言。

如果你认为自己完全不考虑是否要“从众”，那么下次举手表决时，就请你先闭上眼睛。

冒险偏移：李世民为什么发动玄武门之变？

在和臭味相投的人交换意见后，你会变得“更臭”。

唐太宗李世民是个好皇帝，但他所发动的玄武门之变却残酷而血腥。根据历史记载，李世民还是秦王时，虽然跟被立为太子的哥哥李建成和弟弟李元吉明争暗斗，但他并不想采取主动，而是他的死党尉迟敬德、长孙无忌等一直怂恿他先发制人，否则他们就要另谋出路。李世民在点头后，还是相当犹豫，而在王府里占卜以问吉凶，他的另一死党张公谨从外面回来，却将占卜道具全部扫到地上，正告他：“此举已是箭在弦上，势在必行，毫无疑惑，不能犹豫！”如此这般，李世民才铁了心发动政变，杀死哥哥和弟弟，成了皇位接班人。

这些记载似乎想为李世民漂白，让我们相信他在整个血腥事件中有点身不由己。但从心理学的角度来看，玄武门之变从动念到付诸实现，可以说是一场典型的“冒险偏移”行动。人生很多计划都有风险存在，更大的利益里总是潜藏着更大的危险，在想要冒险而又有所顾忌时，多数人都会去和同党好友商量讨论。这种讨论会有什么结果呢？心理学家史东勒的研究显示，如果先让受测者个别阅读某个两难困境，并回答冒险的成功概率有多大（10%、20%……90%）时他愿意选择冒险后，六七个人一组就该困境交换意见，讨论完毕，每个人再次回答原先的问题。结果大多数受测者都会采取比原先更加冒险的态度，譬如本来认为成功概率 50% 才会冒险的人，经过团体讨论后，变成只要 30% 的成功概率就愿意冒险。

这就是“冒险偏移”。对须采用较冒险方式才有较大胜算的事情，团体讨论产生的并非折中方案，而是会变得比讨论前的个别平均值更具冒险性，手法也可能变得更激烈，这有几个原因：一是在团体讨论中获得有利于原先倾向的新信息，而强化自己的信念；二是在讨论中听到一致的意见，感受到从众的压力，因此更向群体共识的方向偏移；三是对风险的顾虑、恐惧和责任在集体讨论中被“稀释”掉了。

对于玄武门之变，我们可以这样理解：李世民原本就有发动政变的倾向，在和死党们多次讨论、互动后，产生“冒险偏移”效应，而采取了更冒险、更激烈的行动。

其实，不管什么事，在和“臭味相投”的人交换意见后，你都会变得“更臭”。

众口铄金：曾参的母亲为什么相信儿子杀人？

三或四个独立而相同的意见，最能发挥团体压力效果。

春秋时代，孔子的弟子曾参是个品行端正的人。有一天，有人跑来对曾参的母亲说："曾参杀人了！"曾母斩钉截铁地表示："不可能！我儿子绝不会杀人！"曾母照旧织她的布。没多久，又有人跑来对她说"曾参杀人了！"曾母还是不相信，照样织布。不久，当第三个人跑来对她说"曾参杀人了"时，曾母开始相信了，她丢下织布机，翻墙而逃（其实是误会一场，杀人的是和曾参同名同姓的另一个人）。

有句成语叫"众口铄金"，意思是说如果众口一词，就能混淆是非，力量大到会熔化金属。曾参的母亲原本坚信儿子的为人，但在众口一词下，她的信念却"像金属般熔化了"。这个故事原是在强调谣言的可怕，但其实也是在告诉我们社会压力如何发挥它的效力。

心理学家阿瑟的实验显示，当他安排的同伙故意说出错误的答案后，会对受测者形成压力，而产生从众效应。阿瑟调整说出错误答案的同伙人数，从一到十五人不等，结果发现，从一个人升为两个人，再升为三个人，让受测者屈服的从众效应会节节升高，巅峰是四个人。但超过四个人，就无法再增加效果，随着人数的增加，团体的说服力反而会逐渐下降。为什么人数越多效果反而越差？除了新增加者的冲击力本来就会逐渐减少外，更重要的是当意见一致者超过四个人时，受测者会开始怀疑其中可能有问题，不是大家预谋串通好的，就是后面的人跟着人云亦云，而使他产生抗拒心理。

在组合方面，实验显示，当压力团体是四个人时，两人一组在两场讨论中的一致看法，要比四个人在一场讨论中的一致看法更具有说服力。若是六个人，则说服力的强弱依序是分成三组（两人一组）、两组（三人一组）、一组（六人）。越能让受测者感觉看法相同者的独立性，就越能发挥说服的效果。

在曾参杀人的故事里，让曾参母亲相信的是三位个别人士的相同说法，而“三人成虎”这句成语也是同样的意思，它们跟现代心理实验的结果可说异曲同工。

这些故事和实验也告诉我们，要想让某人听从你的意见，高明的办法不是找一群意见一致者对他集体施压，而是由三四个看法相同的人和他个别恳谈。

服从权威：赵高为什么能指鹿为马？

在权威的影响下，有 65% 的人会违背良知，俯首听命。

秦二世时，丞相赵高阴谋篡位，想测试朝中大臣有多少人会听他摆布。一天上朝，他牵来一只鹿，对二世说："陛下，我献给您一匹好马。"二世一看，不禁笑道："这明明是一只鹿，你怎么说是马呢？"但赵高却坚称那是一匹"千里马"，然后指着殿上众臣，说："陛下如果不信，可以问问诸位大臣。"结果，多数大臣都附和赵高的说法，说那的确是一匹千里马。后来，赵高就利用机会除掉那些不听他摆布的人。

后世将故意颠倒是非、混淆黑白称为"指鹿为马"，但这个故事的重点应该是为什么有那么多人会违背良知，跟着赵高"指鹿为马"。很多人认为秦二世朝廷的那些大臣是既懦弱又无耻，如果换成自己，那自己是绝对不会那样做的。但真的是这样吗？心理学家密格兰所做的"服从权威"实验也许能让你有不同的看法：

实验由心理学家（代表权威）、老师（受测者）和学生（实验者同伙）所组成，为了“研究处罚对学习的效果”，由老师提问，学生回答，当学生答错时，老师即按钮对学生施以电击处罚。电击量从十五伏特依序增加到四百五十伏特，共有三十个按钮，学生每答错一题，老师就要增加他的电击量。随着实验的进行，受到电击的学生（在隔壁房间）会发出越来越痛苦的哀号，甚至拍击墙壁要求停止实验。如果老师因此显得犹豫，心理学家就会从旁施压，催促他继续按电钮。

如果你是实验里的老师，你会对学生电击到什么程度？密格兰以此询问大学生、中产阶级人士和精神科医师，绝大多数人都说在学生发生痛苦哀号的一百三十五伏特就会停止。但实验显示，在心理学家的施压和催促下，有65%的人按下了最后一个，也就是四百五十伏特电击的按钮！它清楚告诉我们，一个人在冷气房里“想象”自己多有良知、勇敢和仁慈，和他在压力下的“真正”表现有着很大的差距，你对权威命令的服从程度比你想象的要严重许多。

西方心理学界用密格兰的实验来解释第二次世界大战中纳粹集团对犹太人的屠杀，指出它并非一小撮“杀人魔”的变态行为，而是执行者在压力下对权威的盲目服从。相较之下，指鹿为马根本是小儿科，如果你身处其境，你很可能也会这样做。

符号关系：曹操为什么迎汉献帝到许昌？

让我们听命的不是什么人，而是一个符号，一种关系。

东汉末年，群雄并起，汉献帝困窘流徙，曹操特地将他迎接到自己的地盘许昌来，表面上是尊崇皇权，但实际上却以汉献帝的名义来讨伐异己和任命人事，也就是“挟天子以令诸侯”。自封为大将军的曹操，就利用这种政治上的优势，迅速扩张自己的势力。

天子是古代权威的象征或“符号”，而臣民服从天子是一种既定的“关系”，曹操的“挟天子以令诸侯”就是在运用这种“符号关系”。心理学家毕克曼做过一个实验，派人在纽约街头拦住路人，指着地上的一个纸袋，用命令的口吻说：“把那个纸袋捡起来给我！”如果这个发号施令者穿普通的衣服，有三分之一的路人会听命于他；但如果他穿着警察或警卫的制服，那么十个人中有九个会服从他的命令，乖乖将地上的纸袋捡起来给他。为什么呢？因为制服是权威的象征或符号，所以像法官、医师、警察、神父等权威人士都会穿特殊的制服，让人一目了然，不言而威，经过巧妙的制约，多数人在看到穿制服的人时就会油然生起害怕与相信之心，增加服从度。

前面所说密格兰的“服从权威”实验是在学术权威耶鲁大学的心理系里进行，发号施令的是专业的心理学家，高达65%的受测者会服从命令按下最强电击的按钮，跟此一“双重权威”的设计显然脱不了关系。当密格兰将实验的场所改到郊区荒废的建筑中时，完全服从的比例就降为48%；而把发号施令的心理学家换成普通人后，完全服从的比例更降为21%。

实验也显示，每个人都有他们习惯服从的权威人士，譬如儿子听命于父亲、学生听命于老师、员工听命于老板、护士听命于医师、信仰虔诚的基督徒听命于牧师。在古代，文臣武将听命的就是皇帝，曹操当时羽毛未丰，以汉献帝的名义来发号施令，显然比自己更具权威性，更能让人顺从。

心理学家弗洛姆曾说：“权威并不是一个人所拥有的特质（像财物或身体特征），而是一种人际关系，一个人觉得另一个人高于自己而听命于他的关系。”的确，不管一个人多权威，在他母亲或情人面前可能就会完全失去权威性；权威只是一种关系、一个符号，它是可以调整改变的。在权威面前，我们也许不得不低头，但很多时候，是我们自己把头低得太低了。

团体迷思：惠施为什么说异议被堵塞？

多数意见未必较正确，它往往只是“全场一致的幻想”。

战国时代，张仪游说魏王联合秦、韩攻打楚、齐，惠施则主张与楚、齐讲和息兵。朝臣都一面倒地附和张仪，惠施于是对魏王说：“即使是小事，赞成与反对的意见也各约占一半，更何况是攻打别国这种大事呢？如今群臣都赞成，那表示战争的利益非常明显，群臣的智能也都一样。但如今攻打楚、齐的利益并不明显，而群臣的智能也不一样，显然有一半的意见被堵塞了。那些劫持君主的人，使大王您失去了一半的意见。”

惠施的说法其实就是耶鲁大学社会心理学家詹尼斯所说的“团体迷思”——多数人的意见并不见得就比较好或正确，因为有不少原因会压抑或扭曲其他的不同意见。詹尼斯特别举 1961 年的“猪湾事件”为例：在总统肯尼迪的主导下，美国中情局利用流亡的古巴难民登陆猪湾，企图推翻卡斯特罗政府，结果行动失败，千余名古巴难民在海滩被捕。此一重大的失败乃是来自决策的重大错误，而错误就是来自“团体迷思”或“全场一致的幻想”。事实上，在行动之前，美国官方曾开了好几次会议，但就像肯尼迪总统的重要顾问索仁森后来的评语，“没有一次出现强烈的反对声音，也没有人提出实际的替代方案”，而肯尼迪的弟弟罗伯特就好像总统的“心灵守卫”，对一个异议者说：“总统的心意已决，你不要再说了。”

研究显示，当领导者具有指挥型的领导风格，团体成员间有深厚的情谊，游说者对团体成员利诱或威逼时，不同的意见就很难获得充分的讨论，甚至连提都难以被提出来。此外，美国军方还有个专有名词叫“乱伦扩大”，意思是说有着类似教育背景、经验、思维模式和观念的军人在一起开会讨论，想对重大的国防问题做出决策时，他们的交换意见其实是在交换类似的思想基因，也就是观念上的近亲繁殖或乱伦扩大。

要想避免团体迷思，心理学家建议几个方法：一是多和外人交换意见，欢迎“不同道”的人对自己团体的共识提出挑战和新视野；二是除了口头陈述外，更欢迎或要求成员个别提出书面意见；三是领导者要表现中立、公平，并鼓励公开的质疑和辩论；四是成员除了对团体决策表示支持外，更应该建立机制，要求每个人都必须对阶段性结论提出怀疑与批评。这听起来似乎让人感到为难，但只有如此规范化、体制化，才能克服人性的弱点。

异端崛起：陈胜为什么需要吴广？

让异议分子破解团体压力魔咒的仙丹是另一个异议分子、更多异议分子。

公元前209年，被征调去防守渔阳的九百名戍卒因大雨误期，根据秦朝法律，戍卒误期到达目的地的一律处死。农民出身的屯长陈胜和吴广于是联手杀了押解他们的军尉，鼓动其他戍卒揭竿而起，提出“伐无道，诛暴秦”的口号，起义军很快发展到数万人，并建立“张楚”政权。陈胜和吴广虽然不到一年就被消灭，但他们所点燃的反秦烈火却在各地延烧，六国之后纷纷自立为王，秦王朝也因此很快走上了败亡之路。

在这场中国历史上第一次大规模的农民起义里，陈胜和吴广的名字总是被并列在一起，它让人想起现代心理学从众行为和服从权威实验里的“异端崛起”。在从众行为实验里，当七八个人异口同声说出一个明显错误的答案时，有37%的人会附和他们；但这七八个实验者同伙中只要有一个说出不一样的答案（即使也是错的），原本孤军奋战的受测者附和多数意见的比例就会减少 80%。而在服从权威实验里，如果有两个人在实验半途公然反抗权威的命令，那么受测者服从命令到底的就只剩下 10%（原来是 65%）。

法国的实验更显示，在六个人中安插两名实验者同伙，一再将蓝光说成是绿光，结果其他四人跟着将蓝光说成是绿光的次数超过 8%，而且有三分之一说他们至少看到一次绿光（但实际上根本没有）。由此可知，少数不仅可以对抗多数，还能进而改变多数。研究指出，少数若能以坚定的强烈态度表明自己的观点，但在其他方面又表现得开放、有弹性，这会让大家觉得你很有自信，对坚持的东西不太可能让步，而你的坚持显然也有道理，他们会因此变得较愿意重新考虑。只要你的观点经得起考验，那么重新考虑后附和你的人就会越来越多，在形成气候后，越来越多人开始感受到你们的团体压力而顺从，于是少数就变成多数，异端遂成为正统。伽利略的日心说、达尔文的进化论、马奈的印象主义画派等循的都是这样的轨迹。

“德想不孤”，就“必须有邻”。一个异议分子必须去寻找另一个异议分子、更多的异议分子，每个陈胜都必须去寻找他的吴广。在有了伙伴后，你不仅能大声说出自己的看法，甚至还能带动风潮，改变别人和社会。

社会刺激：王军霞为什么能一马当先？

他人在场是一种刺激，会促进或阻碍你的表现。

在亚特兰大奥运的田径场上，赢得女子五千米长跑金牌的王军霞，有“东方神鹿”之誉。在《运动员的战场》这篇文章里，她说：“我向来就是一个比赛类型的运动员，人越多，气氛越热烈，我就越兴奋，也就越能赛出好成绩。”

其实，不只运动，其他技能大抵亦是如此。很多人都是在和他人一起比赛、竞争时脱颖而出，有最亮丽的表现。心理学家在19世纪就发现，自行车选手与其他选手一起骑时，速度要比单独练习时来得快；小孩子绕鱼线，大家并排着做也要比单独做的效率高10%。

这叫“社会激励作用”。心理学家的解释是：当一个人在与其他人一起做同样的工作时，会激发他竞争的本能、胜出的渴望，因而增加他的神经能量，结果就能发挥更多的潜能，有更好的表现。

但“社会激励作用”并非百事皆宜。后来发现像写作文、演算数学题目等，如果和一堆人一起做或比赛，多数人的表现反而比单独作业时来得差。心理学家札丛克因而认为，当我们和他人一起做同样的事情时，所产生的主要是“刺激作用”，它可正可负，做的如果是我们熟悉的工作，那就具有促进或激励作用；但如果是我们不熟练甚至生疏的工作，那么它反而会带来紧张和压力，结果使我们的表现变得更差。其实，只要有他人在场观看，也会产生同样的刺激作用。因为旁观者就好比评鉴者，如果是熟练的工作，那你可能会更卖力以博得对方的赞赏；但如果是生疏的工作，那在对方评鉴的压力下，反而会增加紧张与尴尬，结果就表现得更差。

有人观察美国加州圣芭芭拉郊区的慢跑者，发现一个有趣的现象：如果有人坐在路边的长椅上面对跑者，那他就会跑得比四下无人时来得快；但如果坐在长椅上的人是背对着他，那对他就不会有什么影响。这似乎又表示，虽然有他人在场，但只要对方“看不到”，没有评鉴压力，就不会带来干扰。

自在，就是别人不在；孤独与自在的美好，也许就在于做什么都没有旁观者和竞争者。但与人竞争，受人评比却也在所难免，如何让“社会刺激”成为激发你潜能的助力而非阻力，似乎有赖于你在孤独的时候多多磨炼你的功夫。

共犯结构：王伦为什么要林冲献上一个人头？

“哥们儿”是“一起扛过枪，集体分过赃”。

《水浒传》第十回，豹子头林冲来到梁山泊表明投靠之意时，白衣秀士王伦说：“你若有心入伙时，把一个投名状来。”林冲以为是要立誓约，要求拿纸笔来。一旁的朱贵笑着解释说：“教头，你错了。但凡好汉们入伙，须要纳投名状。是教你下山去杀得一个人，将头献纳，他便无疑心。”

听起来很像是黑帮的入门仪式：你想加入犯罪集团吗？我怎么知道你不是警方派来卧底的？为了“交心”，你就先去杀个人吧！和大伙有了同样的黑印记后，大家再一起去打家劫舍、杀人越货，自然就能形成一种亲密的“共犯结构”。

1964年，美国密西西比发生一起三位官方人员被群众杀害的惨事，该事件特殊的地方是：杀人者将武器在每个在场人士的手上传递，让大家都成为共犯。这不仅是在分摊责任而已，更有“同流合污，有祸同当”的约束作用。

在媒体上不时可以看到“青少年集体轮暴”和“不肖官员集体贪污”的新闻，它跟“数十名路人袖手旁观某人被凌虐”其实是来自同样的人性黑暗面：旁观者越多，大家的责任越被稀释，每个人就越可能见死不救；而参与者越多，大家的责任越被稀释，每个人也越可能胡作非为。而且胡作非为后，没有一个人能置身事外，你若去告密，那你也会死得很难看。责任的稀释会减弱大家“共同行善”的意愿，但责任的稀释加上共犯结构则反而会促成大家去“共同作恶”。

当然，聚众并不一定都是为了滋事或作恶，它也被巧妙地运用在其他场合，譬如执行死刑，如果是坐电椅，通常会由三个执刑者同时按下三个不同的电钮，但其实只有一个电钮真正通电；如果是枪决，通常是由一排执刑队举枪同时发射，但有些枪里装的是空子弹，这些安排都是为了减轻执刑者个人可能的心理负担。而政府部门或大公司遇到重大问题时，会由数人在密室开会，然后统一对外宣布“大家共同的决策”。这固然是为了集思广益，但也有休戚与共、分摊责任的意思。

几年前流行一首顺口溜，说新几大亲密关系是“同过学，下过乡，一起扛过枪，集体分过赃”，虽然相当溜，但却也是洞悉人性之语。人们就是因为这样的同流、共犯绑在一起后，而变得更加亲密，也更加邪恶。

决策参与：完颜阿骨打为什么能以寡击众？

要让人认同，就必须让他参与，认为那是自己的决定。

公元1115年，辽金发生“护步答冈之战”，辽军七十万人，金军只有两万人，但在这场几乎是“不可能的任务”中，由金太祖完颜阿骨打率领的金军不仅冲出重围，而且趁辽国内乱，大败辽军，并进而灭了辽国，改写历史。

完颜阿骨打的获胜，主要来自他激励士气的决策模式：每有战事，众军官不分职位高低，相围而坐，就洒在地上的柴灰“随画随议，备陈其策”，最后由统帅选定最佳方案，大家“同饮合舞”，出发作战。在这次会议上，完颜阿骨打对众人说：“我们现在有两条路，一是同心合力决一死战，死里求生；一是杀我全家大小，前去投降。何去何从，请大家定夺。”将士们听罢无不泣下，决定与辽军决一死战。

金军能够众志成城，以寡击众，秘诀就在于与辽军决一死战的决策不是由完颜阿骨打一个人单独决定，而是来自大家的共同参与、讨论和选择。它是激励士气的妙方，因为它能让大家更有荣誉感和责任心，能更积极地去完成预定的目标。

美国人一向不喜欢吃猪心、牛肺等动物内脏，第二次世界大战期间，由于食物供应紧张，有关单位希望说服家庭主妇购买动物内脏，心理学家为此做了如下的实验：将家庭主妇分成两组，对第一组用传统的说服方法，即向她们介绍这些食物的营养价值如何高、国家如何困难等，同时教她们烹调内脏的方法；第二组则是让她们自行讨论，交换意见，最后由大家做出一项食用内脏的决定。过一段时间后，心理学家再对这两组家庭主妇进行调查，结果发现第一组只有3%的人食用内脏，而由大家做出决定的第二组，食用内脏的却高达32%。

即使原本百般不愿，但只要让大家觉得“自己也参与了决定”，就能减少抗拒，增加向心力。现在很多企业也都采用这种“决策参与”的经营模式，公司的决策不再由经营者单独制定，而让一线员工也能参与、提供意见，并在形成决策过程中扮演重要角色。一些实例显示，这样不仅可以提升决策质量，还可以增加员工的荣誉感、工作动机和生产量，减少怠工、缺席和汰换率。

要想众志成城，就要让大家共同参与，完颜阿骨打是一个杰出的CEO。

第八章

情绪起伏时的人性

相濡以沫：伍子胥为什么喜欢与伯嚭为伴？

在焦虑或悲伤时，人们喜欢和有同样遭遇的人做伴。

春秋时代，因父兄被楚王杀害而逃到吴国的伍子胥，受到吴王阖闾的重用。伍子胥非常喜欢、器重因祖父同样被楚王杀害也逃到吴国来的伯嚭，经常和他在一起讨论国事。吴国大夫被离问伍子胥为什么会如此喜欢和伯嚭为伴？伍子胥回答说："子不闻《河上之歌》乎？——同病相怜，同忧相救。惊翔之鸟，相随而集。濑下之水，因复俱留。"意思是说，他和伯嚭因为同样的不幸遭遇而互相同情、彼此支持，就好像受惊的群鸟，聚集而飞；受阻的流水，回旋聚合。

伍子胥的解释很生动地说明了一个人在面临焦虑、挫折、恐惧、悲伤时可能的心理反应与行为对策。

心理学家夏克特做过一系列实验：将准备参加电击实验的女大学生分为两组，对A组说电击是小事情，不会有什么痛苦；对B组说电击会让人产生很大的痛苦。然后在正式实验开始前，她们可以选择单独在一个房间、和同样参加电击实验的学生在同一个房间、与将会晤某教授的其他学生在另一个房间三种等待方式。结果，大部分的A组学生选择单独等待，而产生较大焦虑感的B组学生则大多选择和同样参加电击实验的学生一起等待，这表示当我们感到焦虑不安时，不只喜欢有人做伴，而且渴望能和自己有同样遭遇的人做伴。

这其实也就是伍子胥所说的“同病相怜，同忧相救”。因为高考而焦虑的人，会去找同是考生的同学相濡以沫，而不会去找在游乐场上班的邻居；同样的道理，一个悲伤的人固然希望有人做伴，但他不会去找快乐的人，而是去找也在悲伤或有过同样悲伤的人。

实验也显示，当人因面临压力而焦虑不安时，鼓励他把焦虑说出来，结果往往使他变得更焦虑，其效果反而不如和他谈些别的事情，让他分心；而最能降低焦虑的则是与他一起了解那个压力，并谋求对策。如何安慰悲伤的人，大抵也是如此。其实，这也是伍子胥和伯嚭互相安慰，以及吴王阖闾安慰他们的方法（共商国是，讨论如何完成他们的复仇计划）。

“惊翔之鸟，相随而集。濑下之水，因复俱留。”伍子胥告诉我们，焦虑和悲伤都让人难挨、难过，但正因为“难过”，所以需要找些伴、想些办法好好度“过”。

火上加油：祢衡击鼓骂曹为什么越骂越火？

动口骂人或动手打人，只会让你更加愤怒。

《击鼓骂曹》乃京剧里的传统剧目，根据《三国演义》第二十三回“祢正平裸衣骂贼，吉太医下毒遭刑”的部分内容改编而成：曹操想派人下书劝说刘表归顺，孔融推荐处士祢衡前往，曹操在召见时没有以礼待之，心高气傲的祢衡立刻反唇相讥，而且将其门下诸士一个个批斗得体无完肤。曹操恼羞成怒，命他去当个小鼓吏借机羞辱他。后来在宴会上，祢衡裸衣击鼓，当众痛骂曹操。在京剧里，祢衡的鼓越击越快、越击越猛，口也越唱越快、越唱越高，将怒气节节上升，尽情泄愤的情景表达得淋漓尽致。

心中有气就会想要发泄，但祢衡在击鼓骂曹后，他的火气消了吗？显然是没有，他对曹操的愤恨变得更厉害。每一次的谩骂之后，都使他火上加油、变本加厉。事实上，原本脾气火爆的祢衡就是因为动不动就骂人，而使他更难控制自己，最后还因此而丧命。

心理学家霍肯森做过一个实验：先让一群大学生接受某人的电击折磨，他们在饱受折磨后血压都升高了不少。随后，提供给他们三种降低火气的方法：一是对折磨者以牙还牙，施以同样的电击；二是对折磨者施以口头攻击，大声痛骂他们一顿；三是以幻想方式写一篇百般折磨对方的故事。结果显示，只有以牙还牙的直接攻击能降低火气（血压下降），口头攻击和幻想式攻击都没有效果，有些实验更显示，它们反而使当事者变得更加激动。更重要的是，不管是肉体攻击或口头攻击、幻想式攻击，受测者在发泄之后，不仅无法消气，反而会因此更加深对对方的敌意，这一方面是来自压抑的解除（已经做了说了，就更加肆无忌惮），一方面则是在合理化自己的攻击，认为对方是罪有应得。

心理学家艾贝森对美国一家因生意合同被取消而突然解聘两百名新进员工的公司所做的调查也显示，在“离职面谈会”上被鼓励尽量发泄他们不满的员工（说了很多气话、粗话及脏话），在后来的问卷里，对公司及部门主管都有比其他员工更多的不满与敌意。

这些都在告诉我们，不管你用什么方式“发泄”怒火，它都“发而不泄”，会越发越旺。

嫉恨根源：杨修为什么会惹来杀身之祸？

只有自我评价受威胁时，我们才会产生嫉妒的痛苦。

杨修是三国时代的奇才，后被曹操所杀，有人说是曹操忌其才，有人说是他卷入曹操的立嗣之争。何者是主因见仁见智，《三国演义》将曹操杀杨修的时间点提前到“鸡肋事件”之时，显然是想凸显曹操对杨修才智的嫉恨这个原因。

《世说新语》记载曹操和杨修经过曹娥碑下，杨修看到碑背所题“黄绢幼妇，外孙齑臼”八字，马上领悟其含意，但曹操走了三十里路才想出答案是“绝妙好辞”，因而感叹“我才不及卿，乃觉三十里”。其他像曹操在花园门上写个“活”字，被杨修猜透曹操是嫌门太“阔”，被窥知心意的曹操感到败兴，竟因此而“心甚忌之”。至于在汉中的战役中，杨修见曹操以“鸡肋”为夜间口令，便叫随行军士收拾行装，且向人解释：“鸡肋者，食之无肉，弃之有味。今进不能胜，退恐人笑，在此无益，不如早归，来日魏王必班师矣。”曹操知道后，勃然大怒，立即以惑乱军心之罪，将他斩首示众。

很多人认为杨修就是因为太聪明、太有才华，恃才傲物，不懂得谦虚，才会被曹操所忌，借口将他杀害。这当然有部分的道理，但在三国时代人才辈出，从某个角度来看，曹操其实是个“爱才”之人，连对刘备这种潜在的敌人，他都能煮酒共话“论天下英雄，唯使君与操尔”；而对关羽的勇猛和忠义，他也是欣赏与敬佩有加。杨修让曹操真正嫉恨的地方是杨修的才能正是曹操个人认为自己具备且相当看重的才能（优点），曹操对自己的文采颇为自负，也很喜欢玩文字游戏，卖弄聪明，但杨修却偏偏喜欢在这方面和他“竞赛”，而且一再加以“揭穿”，将曹操比下去，这才是让曹操真正忍无可忍的地方。

心理学的研究显示，对亲朋好友的成功与杰出表现，我们并不一定都会产生嫉妒的痛苦。譬如你的朋友得了小说奖，如果写作原本就不是你的强项，或者你在意的是自己写评论文章的功力，那么对朋友的成功你会产生与有荣焉的喜悦；但如果你也写小说，而且非常在意自己在这方面的表现，那么朋友的得奖（你却没有）就会威胁到你的自我评价，而让你产生嫉妒的痛苦，开始疏远对方，甚至恶意相向。

所谓“同行相忌”，它真正的意思是若不想招来嫉恨，你就不要在同行面前炫耀你比他强。

禁果效应：贾宝玉为什么爱读《西厢记》？

因为严厉禁止，使原本平凡的东西产生了特殊吸引力。

贾宝玉原来是不太喜欢读书的，但在《红楼梦》第二十三回，他在书坊发现许多古今小说和传奇脚本，立刻如获珍宝，悉数买回。一天早上，正在桃花底下津津有味地读着《会真记》（即《西厢记》的底本）时，黛玉刚好过来，问他看什么书，宝玉慌得藏之不迭，推说是《中庸》《大学》。黛玉不信，宝玉只好将书摊开来，说："好歹别告诉人去……你看了，连饭也不想吃呢。"于是黛玉也接书来看，而且越看越爱不释手。

宝玉和黛玉的沉迷于《西厢记》，除了宝玉说的那"真真是好文章"外，更重要的是因为《西厢记》在当时乃是一本禁书，所以宝玉才要遮遮掩掩。这就是所谓的"禁果效应"，越是被禁止的东西，就会越让人注意，也越具有吸引力。"禁果"指的是伊甸园里的苹果，亚当为什么会渴望吃苹果呢？幽默作家马克·吐温一针见血地指出："当初被上帝禁止的如果是那条蛇，那么亚当想吃的可能就是蛇。”真正诱人的并不是苹果或《西厢记》，而是“被禁止”这三个字。如果《中庸》《大学》被列为禁书，那么贾宝玉渴望读的可能就是《中庸》《大学》而不是《西厢记》。

心理学家弗里曼做过一个实验：让一群小学生在玩具屋中玩各种玩具，其中有一部电动机器人。在玩了一阵后，老师对某一组学生发出“不准再玩电动机器人”的禁令，结果该组学生都改玩别的东西，不敢再玩那部电动机器人。改天，另一位老师又带同一群小学生到该玩具屋玩耍，结果，原先被禁止玩机器人的那组小学生变得特别喜欢去玩那部电动机器人，觉得它更有吸引力。这种特殊的人性，显然在儿童期就开始浮现。任何东西只要加上个“禁”字，譬如禁果、禁书、禁药，就会让人觉得更神秘、更刺激，而千方百计想去弄个来试试、玩玩。除了你越禁止我就偏偏要反其道而行的心理反动因素外，还有一个诱因是触犯禁令所获得的快乐，乃是双重的快乐。

上帝禁止亚当吃苹果，老师禁止学生读禁书，父母禁止青少年谈恋爱，结果往往适得其反。你除了摇头叹息外，更应该了解这些其实都是来自你的“栽培”——因为你的严厉禁止，使得原本没有什么的东西“物超所值”，产生了特殊的吸引力。你不能怪孩子“少不更事”，应该怪自己“老不更事”。

爱憎有别：卫灵公为什么改变对弥子瑕的看法？

我们对很多事情的解释，其实只是在反映自己的心情。

春秋时代，卫灵公非常宠爱他的俊俏臣子弥子瑕。有一次，弥子瑕的母亲生病了，他擅自驾了国君的车子回家探望（按卫国法律，私自驾走国君座车者，处断足之刑）。卫灵公知道后，反而赞美他："真是孝顺啊！为了探望急病的母亲，竟连断足之罪都不顾了。"又有一次，卫灵公和弥子瑕到果园散步，弥子瑕摘了一颗桃子吃，觉得味道很甜美，就把吃剩的一半送给卫灵公，卫灵公高兴地说："多么爱我啊！连桃子都舍不得独自享受，而分给我吃。"后来弥子瑕容貌衰老，失去卫灵公的宠爱，有一次得罪卫灵公，卫灵公就说："这家伙曾经假传圣旨驾走我的座车，还把吃剩的桃子塞给我吃。"

《韩非子》在提到这个故事时说："故弥子之行未变于初也，而以前之所以见贤而后获罪者，爱憎之变也。"所谓"爱之欲其生，恶之欲其死"，我们的好恶与爱憎之心不仅会左右我们对一个人的看法，而且会对同一件事情产生不同的解释。心理学家霍加斯的实验显示，先让受测者在特殊刺激下产生愉快或不愉快的心情，然后阅读关于某人的一份资料，结果发现，心情愉快时会对某人的行为做较正面的解释；反之，心情不愉快时则会做负面的解释。卫灵公的情形就是如此。

其实，长远来看，我们对一个人及其言行的解释也会随时间的拉长而有很大的变化。专研生命历程的精神分析学家艾力克森曾提到一位八十多岁的妇人描述她和丈夫的关系："想法的类似是让我们紧密结合在一起的最大因素，六十一年来，我们总是在一起做事，每件事都同心协力。"但艾力克森发现，这位女士在三十及四十多岁分别接受过两次访问，也都谈到她和丈夫的关系，发黄的档案数据显示："她和丈夫几乎没有一个共同的地方，他们总是不停地争吵，丈夫一点也不帮她忙，也不照顾三个孩子，他像一个额外的孩子一样需要她照顾；她一直想逃离这个受压制而得不到回报的婚姻。"

这种变化是必然的，因为我们的心情和爱憎并非始终如一，只是我们"误以为"我们不会变、没有变而已。所以，我们得到两个消息：一是别人对你的看法主要来自他的爱憎之心，一是它会改变。到底哪个是好消息哪个是坏消息，也许要先看对方现在对你是爱或是憎。

习得性无助：李斯为什么不再为自己申冤？

无助感并非天生，而是从环境与经验中学习得来。

秦二世登基后，多行不义，丞相李斯一再进谏，触怒了二世，赵高乘机进谗言，于是将李斯下狱论罪。赵高以谋反罪名审讯李斯，严刑拷打，李斯被屈打成招，但他心中一直怀抱希望，认为自己功劳甚大而且忠心耿耿，秦二世绝对不会平白让他丧命。谁知赵高早就料到这一层，他让自己的门客假扮成御史、侍中等以“复查真相”的名义到狱中提审李斯，李斯如果为自己申冤，立刻遭到更残酷的毒打。如此反复多次后，有一天秦二世真的派人到狱中验明李斯供词的真伪，但此时李斯已不敢再为自己做任何辩解，结果他就这样真的被定了死罪。

赵高所用的手法和李斯的反应，让人想起心理学家塞利格曼的有名实验：将狗关在一个笼子里，灯光一亮，地板通电，狗就受到痛苦的电击。一开始，它会惊慌地在笼内乱转，想要逃脱，但无论怎么做都徒劳无功，最后它就放弃了，而趴在地上认命地承受电击。等习惯了后，再将它换到一个新的笼子里，地板照样通电，不过只要越过中间的闸栏，跳到笼子没有通电的另一端，就可免于电击的痛苦，但已经放弃尝试的那只狗，却只会认命地趴在地板上，逆来顺受。

塞利格曼将此称为“习得性无助感”，因为觉得任何尝试都是徒劳，不再怀抱任何希望地坐以待毙的这种“无助感”并非天生，而是来自后天的学习。李斯最后之所以会坐以待毙，不再为自己申冤，正是来自这种“习得性无助感”，而且遭遇和下场比塞利格曼的狗还要悲惨。

在塞利格曼之后，有人以大学生为对象做类似的实验，结果亦证实原先被置于噪音不断而“无所逃”环境中的大学生，事后被放在可以经由调节仪器来减少噪音的环境中时，较无法找到此一有效的控制措施，只能任凭噪音折磨。他们的“习得性无助感”还有扩散现象，事后做拼字游戏测验时，他们也较无法掌握其中的规则，表现变得很差。另一个实验显示，先让大学生看其他人做一件手忙脚乱、束手无策的工作，然后要他们做同样的工作，则他们也会显得手忙脚乱、束手无策。这表示“习得性无助感”还具有相当的感染性。

也许我们不会有像李斯那样悲惨的遭遇，但却很可能如前述的大学生，在一个到处有“学习机会”的环境里变得无助。

情绪认知：王旦为什么能对寇准宽宏大量？

我们的情绪反应并非针对事件，而是来自对它的认知。

王旦是北宋名相，与他同朝为官的寇准老是攻击他，而王旦却经常赞扬寇准。宋真宗因而对王旦说："你虽然说寇准好，但他却在说你的坏话。"王旦回答说："理应如此，我做宰相的时间长了，施政一定有不少过错。寇准对陛下一无隐瞒，益可看出他的忠直，这正是臣敬重他的原因。"宋真宗因此而认为王旦贤能。又，王旦的家人从未见过他生气，有一次故意在肉羹里掺些墨屑，王旦只吃饭，家人问他为什么不喝肉羹？王旦说："我偶尔也不喜欢吃肉。"改天又将墨屑掺进饭里，王旦见了，只淡淡说："我今天不想吃饭，煮些粥来。"

王旦真是"宰相肚里能撑船"，他为什么能够这么气度恢宏、宽宏大量呢？也许是因为他个人修养好，或者阅历丰富、磨炼够，观于沧海者难为水；但更可能而最直接的原因是他对事情有跟一般人不一样的认知。现代的心理学告诉我们，一个人的情绪反应，不管是好是坏，其实并非针对眼前的某个人或某件事，而是针对自己心中的想法所做的反应。也就是说，对外在刺激我们会先有一个了解、判断、选择的认知过程，然后再决定以何种情绪去反应。不同的认知会产生不同的情绪，譬如你某次考试的成绩很差，如果你认为考试不公平，那你就会感到愤怒；如果你认为是自己很笨，那你就会觉得沮丧；如果你认为是自己不用功，那你就会有罪恶感。

多数人在听到别人指陈自己的过错时，最常见的反应是“闻过则怒”，认为对方是心怀恶意，故意找碴儿，在与自己为敌，结果当然就会怒从心上起，而且越想越气。但有些人则将之视为“狗在叫”，这样反应就会平和许多，甚至无动于衷。而王旦对寇准说自己坏话的反应却是“闻过则喜”，因为他做了更高明的解释：我本来就有很多缺失，对方的批评可以让我有所改善，这样对国家有好处，同时也可以增加我的声望，何乐而不为？这种解释不仅让王旦不会动怒，有益他的身心健康，而且还为他赢得了宽宏大量的美名。

对人与事的认知，有的人从善意出发，有的人则从恶意出发，这不仅是习惯的问题，而且有很多想象的成分。如果你能学习对人与事做善意的认知，并让它成为一种习惯，那么久而久之，你也能像王旦一样宽宏大量，笑口常开。

嫉妒纹理：秦桧为什么给皇后送错鱼？

嫉妒是灵魂的溃疡，自我炫耀是在他人的伤口撒盐。

秦桧当宰相时，宪圣皇后有一天召秦桧夫人入宫赐宴，其中有一道菜是清蒸淮河青鱼。皇后问秦桧夫人："你吃过这种鱼吗？"秦桧夫人说："这种鱼我吃很久了，而且比这个更大、更多，臣妾明天就送一些进宫来。"夫人回家后，将经过告诉秦桧，秦桧听了，脸色一变，既生气又担心地说："你怎么这么不懂事！"第二天，秦桧派人找来十几条鱼，虽然大尾，却是很低贱的鱼，送进宫里。宪圣皇后看了，笑说："我就说秦桧怎么能弄到那么多青鱼，原来是他老婆将鱼搞混了！"

秦桧责骂妻子不懂事，主要是因为他担心妻子在皇后面前的炫耀极可能引起皇后的嫉妒。嫉妒是一种非常普遍的人性反应，它来自比较，当我们与他人比较，发现自己的才能、地位、境遇、物质条件等不如他人时，心里就会产生一种由羡慕、羞愧、不满、愤怒、怨恨等情绪组合而成的复杂“滋味”，它就是“嫉妒”。就像苏格拉底所说，“嫉妒是灵魂的溃疡”，这种不愉快的情绪通常会伴随一些发泄行为，譬如嘲弄、中伤、鄙视、攻击自己所嫉妒的人或事物。

一般说来，下阶层者嫉妒上阶层者的机会比较多，但因此而对上阶层所产生嘲弄或攻击的杀伤力也比较小，有时候这种嫉妒还可以激起下阶层者奋发向上的心志。上阶层者虽高高在上，但并非事事都比人强，所以他也可能在某些方面嫉妒下阶层者，而因为他的权力通常比较大，结果对下阶层所产生嘲弄和攻击的杀伤力往往会变得非常大。这种例子在历史上屡见不鲜，譬如曹操嫉妒杨修的才华，就借口将他杀了；朱元璋嫉妒沈万三的财富，结果沈万三全家充军云南，家产被籍没。如果宪圣皇后对秦桧家中的饮食居然比皇家奢华享受燃起了嫉妒之火，那秦桧及家人会遭受什么命运没人知道，也难怪秦桧要责骂妻子不懂事。

避免引起他人嫉妒的不二法宝是“不自我炫耀”，这也是“满招损，谦受益”这句箴言的意义所在。但一旦露了馅，让对方开始留意，那么“扑灭”嫉妒之火的最佳方法就是秦桧的“自我矮化”，让对方觉得自己原先的“炫耀”其实是来自“无知”，而一下子又将自己“比下去”，让对方重拾虚幻的优越感，而自己则免于实质的伤害。

补偿心理：老百姓为什么要齐桓公再丢脸？

人有了罪恶感后，就会增加想做些好事来弥补的念头。

春秋五霸之一的齐桓公，有一次喝酒喝得酩酊大醉，连王冠都丢掉了，他觉得很丢脸，避不上朝。管仲进谏说："丢了冠帽并非国君的耻辱。国君重要的是要推行良好的政治，如果您能以好政绩来雪耻，还有什么可丢脸的？"齐桓公觉得很有道理，于是打开米仓，救济贫苦的百姓；查阅刑案记录，释放轻罪的犯人。不到三天，老百姓就在街上唱歌说："大王啊！你为什么不再丢一次王冠呢？"

老百姓的意思很清楚，他们希望齐桓公经常感到丢脸、羞愧，然后继续用做好事来表示忏悔、弥补罪过，这其实代表了一种有趣的人性。街头实验显示，如果一个人在路上因替路人照相而把对方的照相机"弄坏"了（底片被卡住，其实是故意安排的），那么随后他在路上帮另一位路人捡拾掉落地上文件的比率就大为增加（高达 80%，但没有"弄坏"

人家照相机经验的则只有40%)。

造成这种差异的关键在于先前弄坏人家相机所产生的罪恶感。当一个人觉得自己做错了什么事时，歉疚感会让他想要做些好事来弥补，这也是为什么一个平日对妻子冷淡的丈夫忽然变得殷勤而体贴时，总是会有人提醒妻子要小心丈夫是否有外遇。因为有不少真实的案例显示，对外遇心存罪恶感的丈夫会用这种方式来“弥补”妻子。上述实验告诉我们，这种做好事或帮助并不限于让我们产生罪恶感的那个特殊对象，对任何人的帮助都具有这种弥补作用，管仲劝齐桓公推行良好政治，让百姓受惠，显然就是来自这种认识。

其实，这也是所谓的将功赎罪心理，但这绝不是说，做善事的人以前都做过什么见不得人的坏事。赎罪只是让人产生助人行为的原因之一而已，单单觉得亏欠大家太多的单纯的感恩心，就会让人热心去助人。

但不管是出于什么动机，能够行善总是好事。一个有趣的现象是，心理学家发现，天主教徒在前往教堂忏悔的途中，会比忏悔之后做出更大的慈善乐捐。这似乎表示，他们的罪恶感因为向上帝忏悔而减轻了，之后，爱心也就跟着变稀薄了。如果真是这样，那还是希望大家靠真正的行动来表示忏悔、弥补罪过比较好。

预知效应：纪晓岚为什么要测字算命？

在无助时，能预知不幸比坐以待毙更有安抚作用。

纪晓岚在《阅微草堂笔记》里说，乾隆戊子年他因失言获罪，等候审判时，一名看守他的董姓军官说他会测字，纪晓岚于是写了个“董”字请他预卜前途，军官说他“就要远戍，而且要到千里万里之遥”。纪晓岚又写了个“名”字，军官说“名字下面是口，上面则是外字的偏旁，应该是要流放到口外，大概是西域（夕是太阳在西边）”。又问可有回朝希望？军官说“名下面的口为四字缺两笔，夕是辛卯的卯字偏旁，所以应该不到四年，辛卯年就能回来”。后来果然应验，纪晓岚被判从军乌鲁木齐，到辛卯年六月才又回到北京。

姑不论为什么应验，先说纪晓岚为什么想要测字？当一个人身处困境，前途茫茫，特别是觉得随时可能有什么不测的灾祸会降临时，很自然地会感到无助，产生心理焦虑，也很自然地会去寻求降低焦虑的方法，声称能预卜吉凶的测字显然就是方法之一。但军官带给纪晓岚的并非安慰的话，而是不好的讯息。不好的讯息也能降低焦虑吗？这就牵涉到人在无助情境中的特殊心理。有些打击或挫折是不可避免的，但如果当事者可以“预测”它的来临，则可以降低它的杀伤力。老鼠的实验显示，对于痛苦的电击，老鼠似乎比较喜欢事先有警示信号者，而较不喜欢盲目出现、不可预测者，其承受耐力在时间上可以增加四倍，在强度上可以增加三倍。

人类的实验也显示类似的结果，在询问准备接受电击者事前最想知道什么相关资料时，发现大家最想知道的是电击“何时开始”，其次是它“有多强烈”。而对一场不可避免的电击，希望“立刻进行以求解脱”者也远比希望“延后进行”者要多。

由此可知，对于即将来临的不幸，人类并不喜欢当鸵鸟，而是渴望能“预知”不幸会在何时、以何种方式来临，借以减轻内心的焦虑，并增强对它的耐受力。纪晓岚想借测字来预知自己的命运，正具有这种心理功能。其实，这也是各种占卜、算命术最原始的功能和能继续存在的最基本理由。人很少无缘无故去算命，对一个彷徨无主、提心吊胆的人，只要你以坚定的口吻对他说，不管说的是好话或坏话，将来应不应验，对他的心灵都具有相当大的抚慰作用。

生理回馈：弥勒佛为什么笑口常开？

心理感受与生理反应的关系就好像鸡生蛋，蛋生鸡。

很多佛寺都有弥勒佛像，他那袒胸露肚、开怀畅笑的模样，让人看了都不禁莞尔，心情也跟着开朗许多。北京潭柘寺弥勒佛像两边的对联说“大肚能容，容天下难容之事；开口便笑，笑世间可笑之人”。而台湾高雄龙泉寺的对联则说“大肚能容，了却人间多少事；满腔欢喜，笑开天下古今愁”。

这两副对联让我们产生一个问题：弥勒佛是因为“满腔欢喜”才“开口便笑”的呢？还是因为“开口便笑”才“满腔欢喜”？多数人可能会不假思索地认为是前者，但美国心理学之父威廉·詹姆斯却指出，“我们因为笑而感到快乐”，听起来虽然有点怪，但后来的研究却证明他的说法是对的。

心理学家札丛克的实验显示，当人发出 ah 或 e 的音时，他额头的温度会降低，而且心情会变好；但如果是发 u 的音，则额头的温度会升高，心情会变差。为什么呢？因为在发 ah

或 e 音时，脸部肌肉的动作类似于“微笑”；而在发 u 音时，脸部肌肉的动作则类似于“皱眉”。也就是说，当你做出微笑表情时，心情会变好，而当你做出皱眉表情时，心情就会变差。

不只脸部表情，身体姿势也会影响情绪。心理学家借调整桌子的高度而使一个人在写字时须保持扩张型（抬头挺胸、肩膀提高）或收缩型（低垂着头、双肩缩拢）姿势，然后检测他们的情绪反应，结果发现，在完成一项任务后，保持扩张型的姿势会比收缩型姿势更让人感到“骄傲”。

说话的速度和音调与情绪也有奇妙的互动关系，心理学家席格曼要受测者分别以快速—高音调、普通、慢速—低音调三种方式叙述让他们感到焦虑或悲伤的经验，结果发现，以快速—高音调叙述焦虑经验，会让人觉得更焦虑；而以慢速—低音调叙述悲伤经验，则会让人感到更加悲伤。

这些实验证实了詹姆斯的说法，喜怒哀乐不仅会让人产生与之相对应的表情、姿势和音调；不同的表情、姿势和音调也会让人产生之相对应的情绪。它带来了现代的生理回馈技术，同时也让我们了解“走路要抬头挺胸”“保持笑容，让你整天心情愉快”这些人生箴言实在是洞悉人性之语。

这也是弥勒佛所要告诉大家的：我们因为先看到他“开口便笑”，才跟着觉得“满腔欢喜”的。

信念作用：狄青为什么用铜钱占卜？

不管真假，你最好都坚定相信对自己有利的说法。

北宋的狄青率军征讨侬智高时，在桂林城外看到一座据说灵验无比的大庙，他于是入庙参拜，并拿出一百个铜钱，捧在手上，向神明祝祷说："我这次出征，胜负难料。如果我能获得大胜，那么就请让我投下的一百个铜钱都出现正面吧！"左右部属一听，连忙上前进谏劝阻，大家都说神意难测，要是结果不如人意，恐怕会挫折将士们的士气。但狄青却置若罔闻，他双手一挥，一百个铜钱瞬间落地，竟然真的都出现正面！全军不禁欢呼雷动，声震林野。狄青于是叫左右拿了一百个钉子将铜钱钉钻在地面，亲手用青纱笼封盖，再对神明祝祷："如果我真的能凯旋，一定会再回来酬谢神明。这些钱就暂时留在这里。"后来，狄青果然攻破昆仑关，大败侬智高。凯旋时，他又回到那间大庙，酬谢神明后，他揭开青纱笼，收回地面上的一百个铜钱，交给左右幕僚传看，原来每个铜钱的两面都是正面。那间庙宇于是被诏封为“灵顺庙”。

一件事情的成败，除了客观条件外，主观信念也很重要。狄青那一百个铜钱是事先早就准备好的，他用铜钱来求神问卜，目的就是要激发和坚定将士们必胜的信念。有了必胜的信念，打起仗来会更加勇猛，结果就带来真正的胜利。有很多实验都证实了这种信念的神奇作用，譬如对于病人的疼痛，医生若只开给他们“安慰剂”（对症状改善并无真正的药理作用，但让病人“相信”会有效的药物），同样具有止痛效果。研究显示，对手术后伤口疼痛，吗啡的止痛效果为67%，而安慰剂的止痛效果也高达39%；对癌症引起的慢性疼痛，十毫克的吗啡注射使67%病人的疼痛获得暂时缓解，但同剂量的安慰剂也能使42%的病人暂时止痛。整体来说，安慰剂对三分之一到将近一半的病人有止痛效果，更妙的是给予两倍剂量的安慰剂，会让病人的疼痛获得“双倍的减轻”。安慰剂带来的这种信念效应并不单纯只是病人主观感觉症状减轻而已，医生检查声称有效病人血中的脑啡（人脑自行分泌类似吗啡的止痛物质），发现其浓度高于没有止痛效果的病人，这表示病人因为“相信”而使他们的脑中自行分泌出脑啡，产生真正的止痛效果。

你的信念显然会影响你的生理状况和情绪，进而影响你的表现。所以，不管真假，你最好都坚信对自己有利的说法。

第九章

利益得失中的人性

沉没的代价：诸葛亮为什么六出祁山？

不甘心过去所付出的代价，结果反而把现在和未来继续“浪费”在那上头。

《三国演义》从第九十一回《祭泸水汉相班师　伐中原武侯上表》到第一〇四回《陨大星汉丞相归天　见木像魏都督丧胆》，说的是诸葛亮六出祁山、北伐中原的经过，篇幅远超过有名的赤壁之战。从战略及成效来说，诸葛亮如此劳师动众实非明智之举，当他准备第六次北伐时，谯周以天现不祥之兆反对，但诸葛亮仍坚持：“复统全师，再出祁山，誓竭力尽心，剿灭汉贼，恢复中原，鞠躬尽瘁，死而后已！”他这样的义无反顾，最后还在五丈原赔上自家性命，固然可以说是在彰显他的忠心赤胆、不负所托、百折不回、知其不可而为之的悲剧英雄形象，但从另一个角度来看，我们也可以说诸葛亮因为自己所说的“五出祁山，未得寸土”，而陷入了“沉没代价的迷思”中。

很多人在考虑事情及自己未来的人生时，虽然知道某件事情看起来已经没有什么未来性，但因为自己过去在这方面付出了很多心血、时间和金钱，因为不想白白浪费，不愿割舍，不甘心就这样付诸东流，而把自己的现在和更多的未来继续耗在这上头，结果越陷越深，难以自拔，到最后只能以一败涂地或自我毁灭收场。

经济学家将此称为“沉没代价的迷思”。说它是一种“迷思”，因为不管你过去花了多少心血、时间和金钱，都再也追不回来了，它们是“已经沉没的代价”；不管你要不要继续下去，对你目前所拥有的心血、时间和金钱都没有影响。但研究显示，很多人都以“沉没的代价”来决定自己下一步的行动，结果就可能蒙受更大的损失。

诸葛亮“五出祁山”，不仅“未得寸土”，而且损兵折将、耗费资源、消磨光阴，虽然明知前景黯淡，而且有人反对，但他还是要继续“六出祁山”，不甘心过去的努力付诸东流。我们有理由相信，就是这种“沉没代价的迷思”使他“鞠躬尽瘁，死而后已”，走上了自我毁灭之路。

有些事需要百折不回，但有些事则需要回头是岸。我们应该认清的是：不论过去付出多少时间和金钱，它们都已沉没。想要跳出“沉没代价的迷思”，就必须不管过去，而单纯以未来所需付出的代价和所可能得到的利益来考虑事情。

需求的层次：李自成为什么会禁淫杀？

每个人都有成长性动机，问题是它的强度和持续度。

明朝末年，李自成起义的前半期，一路烧杀、奸淫劫掠，跟张献忠等人并无二致，就像《明史纪事本末》所说，“初，自成流劫秦、晋、楚、豫，攻剽半天下，然志乐狗盗，所至焚荡屠夷”，是名副其实的“流寇”。但到后来成了气候，觉得自己可能得到天下，特别是在谋士李岩“欲图大事，必先尊贤礼士，除暴恤民”，及牛金星“禁淫杀，据中原，收人心”的建议下，李自成开始改头换面，约束部属，编造“开了大门迎闯王，闯王来时不纳粮”的歌谣，发布“杀一人如杀我父，淫一人如淫我母”的告示，俨然成了“仁义之师”。这样的转变对他所建立的大顺政权能顺利进入北京多少有些帮助。

每种行为都有引发它的动机或需要，我们可以用人文心理学家马斯洛的理论来理解李自成在不同阶段的行为表现及其动机：马斯洛将动机分为“不足性动机”与“成长性动机”两大类，不足性动机是消极的，主要在满足如饥饿、口渴、性欲、财物等基本或较低层次的需要，成长性动机则是积极的，主要在满足一个人爱与归属、自尊与受尊重、自我实现及自我超越等较高层次的需求，它会驱使一个人朝比现在更好、能发挥更多潜能的方向迈进。这些需要的满足有它的先后顺序，也就是管仲所说的“仓廪实而知礼节，衣食足而知荣辱”。李自成早年所率领的“义军”，很多都是饥民，他们在开始时的一路烧杀、奸淫劫掠，可以说就是来自“不足性动机”。当这些需要获得满足后，在谋士的建言下，李自成产生了“成长性动机”，想要“自我超越”，于是行为发生转变，开始“禁淫杀，收人心”，成了“拯生民于涂炭”的“仁义”之师。

不管你本来是何许人，每个人都会有“成长性动机”，也都可以表现出他更好、更高的一面，问题是这种动机的强度和持续度，李自成的大顺军在进入北京之初秩序尚称良好，但不久即开始拷掠明朝官吏，四处抄家，而惹毛了吴三桂，使得情势为之丕变。很多人说这是李自成及其同伙的“本性难移”，但我们也可以说这是李自成的眼界有限，成长性动机不足。

所谓“成王败寇”，是我们在揣测某些人行为为何发生转变时，常会赋予“不良”的动机，但真正“不良”的也许是他无法坚持那昙花一现的“善良”动机。

博弈分配：窃贼为什么发生内讧？

利益的分配若太不公平，那对方就会选择同归于尽。

2006年10月，《北京晚报》有一则报道：一吴姓男子到警局报案，说他因小事冲突而被郭姓友人狠揍一顿，希望警方为他主持公道。在做笔录时，吴某所带的书包掉到地上，露出一堆移动硬盘和手机电池，引起警方怀疑，在严词盘问后，吴某才坦承原来他和郭某联手行窃，但因分赃不公而大打出手，他在被揍后心有不甘才报警想给郭某好看。结果，当然是两人的赃物都被追回，而且依盗窃罪议处。

结伙抢劫或集体贪污，因分赃不公而发生内讧是常有的事，但若闹开来，大家不仅一无所获，甚至还可能坐牢，怎么有人会做这种糊涂事？要回答这个问题，须先看下面这个有趣的实验：德国的经济学家古特提供十马克[1]，让大学生两

① 德意志联邦共和国货币单位。

人一组玩一种特殊的博弈游戏，由一人提出如何分配十马克的方案，另一人可以有两种选择：接受或拒绝所提的分配方案。若是接受，古特就按照所提方案把钱分给两人；若是拒绝，钱就被古特收回，两个人连一分钱都拿不到。

按照利益最大化原则，对选择者来说，分给自己的钱数不管多少，只要不是零，则接受总比拒绝有更大的利益，所以他应该选择接受。但实验结果却大异其趣，虽然大多数提议者提出的分钱方案都在四六开到五五开之间，而被对方接受；但对特别不公平的分配提议，选择者几乎都毫不犹豫地加以拒绝，也就是他们宁愿什么都不要，也不愿接受极不公平的分配。

专家们在美国、日本、东南亚、俄罗斯和南美等地，不断重复这个实验，得到的结果都相当一致：有 40% ~ 60% 的受测者提出较公平分配方案（给对方 40% ~ 50%）；几乎每次实验都有 20% ~ 30% 的人提出非常不公平的分配方案（分给对方低于 30%），但这些提议总是以 30% 左右的比例被对方拒绝。而在所得较低的国家，以相当于当地三个月工资的美金来做分配时，对于极不公平的分配（只分到 20%），仍有 10% 的人宁愿牺牲相当于他半个多月的收入，也要坚决说“不”！这表示，不少人都会依赖公平观念而不是利益最大化原则来决定其行为。

说“分赃”可能不太好听，但人生很多事都涉及利益分配，如果由你来做利益分配，那你应该知道，对于极不公平的分配，不少人是宁可什么都不要，而想和你同归于尽的。

囚徒困境：胡雪岩为什么以戒欺为店训？

在多次交易中，一报还一报的信任才是最佳策略。

清朝同治年间，红顶商人胡雪岩在杭州吴山开了一家中药店——胡庆余堂，后来跟北京的同仁堂齐名，有“江南药王”之称。胡庆余堂药堂面对柜台的地方挂着一块大匾，上面刻着胡雪岩手书的店训——“戒欺”两个大字。

旅游景点欺骗观光客的黑心商店，让我们想起“无奸不商”，而胡庆余堂的店训则让人想起“无信不商”，这两句话看似互相矛盾，但都说得通，也都与“囚徒困境”有关。在一审定谳或一次交易时，出卖对方是较有利的策略，但法院很少一审定谳，人与人交往（易）通常也不止一次，你来我往的次数一多，出卖策略反而会成为一种不利的短视，因为对方发现被你出卖后，会以牙还牙出卖你，甚至更加出卖，结果就产生恶性循环。

心理学家和经济学家在这方面做过不少研究，其中最有名的当推艾克斯罗德的“电脑囚徒竞赛”，参赛者根据“囚徒困境”的规则，各自设计一套程序，然后彼此交锋两百次，结果得分最高（最有利）的策略是“一报还一报”的程序。它的规则是：1. 自己先采取合作和信任的策略；2. 若对方欺骗（出卖）你，一定加以报复（也出卖对方）；3. 心怀宽恕，一旦报复过对方后，就又回复原先的信任与合作策略。

这也可以说是“以德报德，以怨报怨”。自己先付出一点信任，若对方有所回报，则再付出更多的信任，产生良性循环。反之，如果对方采取出卖策略，那么自己就跟着出卖，甚至更加出卖；为了避免玉石俱焚的恶性循环，对方可能就会知所收敛，而自己也跟着收敛，然后再进入另一个良性循环。这恐怕也是胡雪岩以“戒欺”为店训的原因。“戒欺”跟“诚信”不太一样，“诚信”是不管对方如何待你，你都要以诚信待之（实验显示，如果一方采取一贯的信任态度，无丝毫防备之意，那另一方就会利用此弱点出卖他）；而“戒欺”则是我不欺骗你，但如果你欺骗我，你也不会有好下场。

但人生无不散的筵席，如果交往（易）只有二十回，那么实验显示，从开始到中后期，多数人都会采取信任与合作策略，但越到最后，相互出卖的机会就会变得越大，这大概也是一种“终极人性”吧！

选择的吊诡：这个试吃摊为什么生意好？

选项越多越有吸引力，但选后越不满意，越容易后悔。

现代人假日到超市闲逛，常可看到各种免费的试吃摊，香肠、蛋糕、水饺任君品尝；吃了不买，还是面带笑容地跟你说谢谢。当然，商家不做赔本生意，免费试吃还是有它的促销效果，但其中有些奥妙恐怕是你料想不到的。

哥伦比亚大学研究者在大学附近的一家超市摆了两个果酱试吃摊，一个摊位提供六种口味，另一个摊位提供二十四种口味供消费者试吃。几天下来，得到两个结果，在吸引力方面，提供二十四种口味的摊位吸引了较多顾客（有 60% 的人停下来试吃，而六种口味的则只有 40%）。但在促销作用方面却出人意料，六种口味的试吃者有 30% 至少买了一瓶果酱；而二十四种口味的试吃者，买果酱的却反而只有 3%。

这两个结果充分显示了人们在做选择时的吊诡：更多的

选项和机会，虽然较有吸引力，但选项如果太多，却反而会让人无所适从，不知道该决定要哪一个才好；而且“物以稀为贵”，东西越多反而越会削弱人们想要购买与拥有的欲望。

另一项研究显示，将喜欢巧克力但并不常购买某知名品牌的消费者分成两组，甲组在六种巧克力中挑选，乙组在三十种巧克力中挑选，每人免费赠送一种。结果显示，乙组会花较多的时间去做选择，但事后却有更多的人觉得自己所挑的巧克力不太好吃，而且对自己的选择感到后悔。

这表示更多的选项和机会，不只会让人觉得无所适从，在做出选择后，更容易感到后悔，因为他原本可以做更多其他的选择。从人性的角度来看，当选项超过一个数目（三到六个）后，即可能带来负面的后果，因为人没有足够的时间和知识去衡量每个选项的利弊，然后做出完美的决定，太多的选项反而会带来心理紧张，特别是当它和一切都想要最好的渴望携手时，那就会更雪上加霜。

“任凭弱水三千，我只取一瓢饮”，这是节制之语；“三个选项比三十三个选项来得好”，则是明智之言。

人生是你选择的总和，但不管是选择结婚对象还是巧克力，我们实在不必为自己没有太多选项而抱怨，反而应该对自己只有两三个或三五个选项感到庆幸，因为只有从有限的选项中，我们才能做出让自己觉得既明智又满意的抉择。

得失与冒险：寇准为什么拿宋真宗孤注一掷？

在确定有所得时，人会趋于保守；但却会选择冒险来避免或挽回损失。

北宋国力衰弱，与辽国的战争败多胜少。宋真宗景德元年，辽国又率大军深入宋境，宋真宗畏惧，想迁都南逃，但宰相寇准坚持促请真宗亲至澶州督战，宋军因而士气大振，迭有斩获。宋辽遂订立“澶渊之盟”，互称兄弟，百余年间不再有大规模的战事。宋真宗因此更加器重寇准，但却引起大臣王钦若的嫉妒，王钦若对宋真宗说：“澶渊一战，寇准是拿皇上‘孤注一掷’，万一输了，皇上就危险及身，后悔莫及了！”

在赌博中，输钱的赌徒拿出身上所有的财物，赌最后一把的输赢，叫作“孤注一掷”。王钦若为什么说寇准是拿宋真宗“孤注一掷”呢？因为那好像是在赌博，过去宋军与辽国交战，输多赢少，输了就容易让人铤而走险，寇准要宋真宗御驾亲征，固然是想提振士气，但的确也有孤注一掷的意味。

孤注一掷是相当冒险的行动。一个人是否会冒险，跟他的得失考虑有密切关系。心理学家特维斯基做了很多这方面的实验：假设有两种情况，“你确定能得到一千元”或“你有25%的机会得到五千元，但75%的机会将一无所获”，如果必须二择一，那你会选择何者呢？研究显示，大多数人都会选择前者，也就是“确定能得到一千元”，充分显示俗语所说的“一鸟在手，胜过二鸟在林”的保守心态。

但如果是“确定损失一千元”或“有75%的机会会损失两千元，但25%的机会能一无损失”两种情况呢？则多数人都会选择后者，充分反映出“铤而走险”的冒险心态。

为什么同一个人，在得失的抉择中，会同时具有这种保守与冒险的心态呢？特维斯基理出的一个通则是：人们在确定能得到东西时，通常会趋于保守、避免冒险；但却经常会选择冒险来挽回或避免损失。这也说明了为什么有固定收入、生活稳当的中产阶级或其他既得利益者，心态多趋于保守，不希望社会有什么动荡、改变；而如果你看到一家公司开始铤而走险、孤注一掷时，那通常表示它已经到了发生严重亏损，面临极大困境，企图起死回生的关头。

人生如赌场，每个人最大的赌本都是自己，在得失与冒险间如何拿捏，那就看你自己了。

德西效应：陈轸为什么劝昭阳不要画蛇添足？

奖励可以提供外在动机，但也会斫丧内在动机。

“画蛇添足”这句成语出自《战国策》：楚国大将昭阳率军攻打魏国，大破魏军，占领了八座城池，又移师攻打齐国。齐国使者陈轸来见昭阳，先祝贺他的胜利，然后谈及此番胜利将可使他“官至上柱国，爵为上执”，但也不可能有再高再多的奖赏；接着陈轸就说了“画蛇添足”那个寓言，指出昭阳又移师攻打齐国，不仅是“画蛇添足”，可能连原有的奖赏都会生变。昭阳觉得有理，于是退兵而去。

“画蛇添足”意为“多此一举，弄巧成拙”，陈轸靠几句话就让昭阳退兵，显示他的话深深打动了昭阳，也真确地掌握了人性。战争非常危险，但“重赏之下必有勇夫”，战胜所获得的奖赏也相当诱人，它成了很多人奋勇杀敌的主要动力。不只战争，我们所从事的大多数行为包括上班、读书、比赛等，也都能获得薪水、文凭、奖品等奖赏，它们通常被称为行为的外在动机；而个人兴趣、满足自我价值感等则属于内在动机。外在动机与内在动机经常并存，而且可能互为消长。

心理学家德西所做的实验显示：原先对花时间思考智力难题颇有兴趣的大学生，在每解出一道难题即能获得一美元的奖励下，他们会更加投入；但在后来的休息时间，他们就不再花脑筋去想，反而是没有得到奖励的人还很有兴致地在那里动脑。这表示，明显的外在诱因（奖励）固然能让人更加卖力去从事有报酬的行为，但当奖励不复存在时，当事者就会变得兴趣缺缺，因为他的内在动机已经变得相当微弱。

这也正是陈轸游说昭阳的重点："既然你无法获得再多的奖赏，那你何必多此一举去攻打齐国呢？"这对习惯以战争换取奖赏而缺乏内在动机的将士来说是很有说服力的。

德西更进一步的实验显示，如果奖励是自动给予，而跟实际的表现无关，那对内在动机的斫丧就更严重。譬如很多父母会以各种奖赏来鼓励儿女读书，但如果不论读多久、考试成绩如何，"通通有奖"，那孩子会认为读书只是获得奖赏的手段，他很快就会丧失对学习的自发性兴趣。

而这也是很多人在毕业后就不再读书的原因，因为他们认为读书只是为了获得文凭（外在动机）；但如果你认为读书是在充实自我（内在动机），那么你就较能活到老学到老。

利己利人：台湾为什么有那么多“功德会”？

在利人时也能让自己得利，这种助人行为才会持久。

台湾到处有“功德会”，出钱出力做善事。不只会员众多，而且成果辉煌，在最需要帮助的地方和族群里，都可以看见他们的身影。但为什么叫“功德会”呢？意思是你帮助别人就是在为自己积功德，神明会在你的“功德簿”记上一笔；你帮助人的次数越多，道德积分越高，将来就可以获得更多的福报。虽然绝大多数人并不在意是否真的能获得福报，但这种个人利益色彩似乎让高贵的助人行为沾上一些杂质。

其实，助人的种类很多，原因也很多，“人饥己饥，人溺己溺”是一种无私的人道关怀，而“让自己快乐”（助人为快乐之本）则同样含有“个人利益”色彩。大部分的助人行为通常不止一个原因，心理学家对刚刚志愿担任协助艾滋病患的义工们做过一个问卷调查，问他们为什么想要帮助艾滋病患（原因可多选）。结果发现，最常见的原因是来自人道主义的价值观（约 88%），其次是对少数社群（同性恋）的关怀和一体感（约 52%），然后是想获得如何应对艾滋病的知识（约 36%），再其次是想促进个人的成长（挑战自我和考验自己的技能，约 32%），最后是想经由助人而提升自尊（约 15%）。

前两个原因是以增进他人的福祉为目的，属于无私的“利他主义”，而后面三个原因就有比较浓厚的“个人利益”色彩。前两个原因占了多数比例，似乎表示这些义工是怀着比较“高尚”的心态去帮助艾滋病人的。但经过一年后，心理学家再来追踪这些艾滋病义工，发现依然活跃于义工工作者，多数是想要提升自尊和促进个人成长（也就是基于个人利益）而来的，至于当初高举人道主义价值和弱势关怀的人，很多都已退出了义工行列，不知去向。

这不是在嘲弄人道主义或弱势关怀，而是我们必须了解，与其奢求一个普通人要永远保持高亢的人道主义精神，不如在他助人的时候，也提供给他个人成长和增进个人福祉的机会，如此“利己利人”，助人行为才能持久。“功德会”的“庸俗功能”显然就在这里。而在第二次世界大战时，冒着生命危险帮助犹太人的辛德勒，人道主义的精神固然让人敬佩，但我们不要忘了，他收容犹太人不是免费供吃供住，而是在他的搪瓷工厂当工人，而且工资低廉。

因果错觉：曹彬为什么要延缓处罚？

对先后发生的两件事，我们常做出错误的解释。

北宋初年的曹彬为人仁爱宽厚，在帮赵匡胤打天下时，带兵平定数国，都不曾滥杀无辜。他担任过徐州太守，当时府里有一位小吏犯了罪，判刑确定后，曹彬过了一年才对他执行杖刑。大家都不明白为什么这样做，曹彬解释说："我听说这个小吏当时刚娶了妻子，如果新婚不久就对他执行杖刑，新娘子的公婆一定会认为是媳妇带来的霉运，而对她心生厌恶，早晚打骂，害她无法好好过日子。按照法律，我不能免除他的罪刑，所以只好延缓处罚的时间。"

从这件小事可以看出，曹彬不仅仁慈，而且洞悉人性，考虑周到。小吏因犯罪须受处罚，跟新娘子过门是不相干的两件事，但因一前一后发生，很容易被误认为两者之间有某种"因果"关系，这是一种"迷信"。如果公婆认为这是新娘子带来的"霉运"，那就是"迷信"。

行为主义大师斯金纳用鸽子做了一个经典的“刺激／反应”实验：他每隔十五秒就喂食鸽子一次，鸽子不管做任何事（或不必做任何事）都可获得食物。斯金纳慢慢发现，每只鸽子都发展出一套特殊的行为反应模式，它们似乎“认为”自己就是经由这套动作才获得食物的。斯金纳将此称为“鸽子的迷信”，这种“因果错觉”或“控制错觉”，可能是因为鸽子正在做某种动作时，自动出现的食物刚好出现，上述行为即获得强化，并和获得食物产生联配关系。

斯金纳之后，有不少心理学家改以大学生为实验对象，结果发现人类在这方面的表现跟鸽子颇为类似，大部分的人都会产生同样的“因果错觉”或“控制错觉”，误以为某个结果是在它之前的某个因素造成的，而且他们能以某种特殊行为来控制其实是不可控制的事件。

对连续发生的事件，我们也容易产生所谓的“赌徒谬误”：譬如丢铜板，如果连续丢了五次都出现正面，那么有较多人认为接下来的第六次“应该”会出现反面；反之，如果连续出现五次反面，那么有较多人认为第六次“应该”会出现正面。其实第六次出现正反面的概率都是二分之一，与前五次毫不相干，但连续性却让我们做出错误的判断。

因果错觉不仅将事情搞混了，而且还会让人蒙受损失。

心理免疫：吕惠卿为什么无法感动宋哲宗？

想增加对某些观点的免疫力，就要先打心理预防针。

北宋王安石变法，引发改革派与保守派的激烈斗争，双方人马在彼此攻讦中浮沉起落。哲宗绍圣年间，被贬为大名府知府的改革派大将吕惠卿准备上京，保守派担心他会有所动作，监察御史常安民于是先发制人，上奏皇帝说："吕惠卿禀性深沉阴险，他这次回京，入朝参见陛下，一定会提起先帝种种，然后泪流满面，无非是想感动陛下，希望能让他留在京师。"等吕惠卿到了京师，果然请求觐见；见了哲宗皇帝后，果然提起先帝种种，然后泪流满面。但事先已被提醒的宋哲宗板着脸不搭腔，吕惠卿见感动不了皇上，只好怏怏而去。

吕惠卿见了宋哲宗，"谈起先帝种种，然后泪流满面"，是想"动之以情"，但宋哲宗为什么不受感动呢？因为常安民技高一筹，或者说更洞悉人性，他先替宋哲宗打"心理预防针”，增加他对吕惠卿说服策略的抵抗力，结果果然奏效。

人人都接受过小儿麻痹、破伤风等的预防接种，其原理是先暴露在毒性较弱的病毒中，让你的身体对它产生抗体，待日后再暴露于毒性更强的大量病毒中时，你就对它有了免疫力，不会受到荼毒。常安民所用的方法，现代心理学称为“心理预防接种”，原理相同：为了抗拒或减弱某种激烈、不利观点对一个人的心理冲击，最好事先让他接受较温和的不利观点，并加以破解或消毒，以增加他的“心理免疫力”。

研究显示，很多青少年都是在广告的诱惑与同侪的压力下开始吸烟的，为了防范这种现象的发生，研究者先让一群初中一年级女生暴露在类似的诱惑中，然后借由讨论来破解吸烟代表“解放、豪迈”的迷思（心理预防接种），结果这些女生在到初三时，抽烟的人数只有同校其他同年级女生的一半。

很多名人也都深谙此道：每个人都有一些疮疤或缺点，它们经常成为对手攻击的箭靶，崇拜者在第一次听到时会感到相当惊骇，甚至产生破灭感。因此，为了不让崇拜者在对手的猛烈攻击下休克，名人通常会先主动提起或坦承自己可能受到攻击的一些弱点，然后以“但是”或“其实”来加以反驳和消毒。这也是在打心理预防针，它比一再自我吹嘘有效得多。

为了避免“心灵破伤风”，有时候，我们的确该给别人或自己一些心理预防接种。

口是心非：叶公为什么看到龙会吓得半死？

空泛的态度需要靠实际的行为来做检验。

“叶公好龙”这句成语来自汉朝刘向的《新序·杂事五》：春秋时，有一位叶公爱龙成癖，身上佩带的钩剑、凿刀上都饰以龙纹，家里的梁柱门窗上也都雕刻着龙。上界的天龙听说人间有如此喜欢龙的人，就决定来拜访。某天，天龙降临叶公的家，将头伸进窗户里探望，尾巴则伸到堂屋里。叶公一看见真的龙出现，竟吓得面如土色，失魂落魄。

叶公表面上喜欢龙，但实际上却不喜欢龙（吓得半死），后人即以“叶公好龙”来形容一个人口是心非、言行不一。从另一个角度来看，我们也可以说叶公的“好龙”只是一个他自以为真、没有经过验证的态度或观念，当真正的考验来临时，他却表现出矛盾的、甚至完全相反的行为。也就是说，他的态度与行为出现了严重的落差。

行为与态度常被视为“互为表里”，社会心理学家常以问卷调查某群人的金钱、消费行为、道德或性态度，并以此来预测他们可能有的行为反应，但事实上，态度与行为间的相关性非常薄弱，譬如一个人对欺骗所抱持的态度无法预测他是否会欺骗他人以及欺骗到什么程度。这牵涉到几个问题：

首先，一个人的态度往往较其行为来得高贵而体面，譬如若问你“你会见义勇为吗”，你当然说“会”，但实际上你可能都没有“见义勇为”过，因为你必须有“路见不平”的机会，而且还需要有“拔刀相助”的知识和能力，三者缺一就会使你成为“嘴上的英雄，手上的懦夫”，而在态度与行为间出现落差。

其次，态度与行为的涵盖面往往有很大的差异，譬如问一个人对“环保运动”的态度无法预测他是否在办公室里吸烟或他的汽车是否排放废气，反而是直接问他对“办公室里吸烟”或“汽车排放废气”的态度，更能预测与之相对应的行为。每个人都赞成“环境保护”，这种态度“大而无当”，问了等于白问。

最后，态度的来源也很重要，实验显示，由直接经验培养出来的态度，比经由别人说教而获得的态度与行为有较高的相关性。一个在工厂工作多年的人，他对劳工的态度比躲在象牙塔里靠读书、思考而获得的“态度”要可信赖得多。

“叶公”有很多种，这是我们判断他是否真的“好龙”时，自己应该先有的认识。

第十章

水泥丛林里的人性

稀释作用：公交车乘客为什么袖手旁观？

置身其中的人越多，每个人置身事外的感觉就越强。

2006 年 11 月 7 日，在武汉 561 路公交车上，两名男乘客因车费与司机发生纠纷，遂暴打司机，并打伤阻拦的一名车队调度员，还将公交车玻璃砸碎。这一幕都被车上的摄像机拍摄下来，根据摄像机的记录，当时车上还有另外二十八名乘客，但都袖手旁观，而且在事发后纷纷下车离开。

有人因此而感叹“世风日下，人心不古”。其实，这种事无涉世风，反而跟环境的关系较大。1964 年 5 月，在纽约市闹区，一名被歹徒殴打、强暴的十八岁少女从办公室逃脱，光溜溜的身上流着鲜血跑下楼梯，在大楼的大门边高喊救命，当时人行道上约有四十名路人围观，他们眼睁睁地看着歹徒又将她揪上楼梯，没有人表现出要伸出援手的意思（幸好有两名警察经过，才拯救了那位少女）。

为什么会发生这种现象？心理学家弗里曼的解释是：“当

一个人置身于群众中时，他会失去个人的责任感，对其行动不再像平常一样有道德上的顾虑，团体中的每个人都要彼此分摊责任，没有人会觉得他所负的责任像单独一人时那样强烈。”这种“责任的稀释”也许就是在“人越多的地方”，特别是在大都市里，“良心就变得越少”的主因。

心理学家做过如下实验：女研究员要受测者在某房间内回答问卷，不久，受测者听到她在隔壁房间因摔倒而发出痛苦的呼救声。如果受测者是单独一人，那么有 70% 的人会过去帮她忙；但如果受测者是两个人，则过去帮忙的反而降为 20%。事后问受测者为什么听到呼救声却置若罔闻？答案是“因为另有他人在场，他们一方面要表示自己的冷静，一方面要先看对方有什么反应”，结果互相牵制，两人都变得漠不关心。

街头实验也显示，实验者在大街上模拟癫痫病发作，如果只有一个旁观者在场，他获得协助的概率是 85%，而有五个旁观者时，得到帮助的概率反而降为 31%，这显然也是来自“责任的稀释”。三个和尚没水喝，似乎也是这个原因。

当然，现代都市里的人情淡薄牵涉到很多因素，譬如互不相识加深了“各扫自家门前雪，莫管他人瓦上霜”的自保心理；但这种人越多大家越会采取观望态度的“稀释效应”显然也起了相当大的作用。

社会惰化：滥竽为什么能充数？

当完成共同任务的人越多时，个人出的力就会越少，也变得越懒惰。

《韩非子》里有个故事说，齐宣王喜欢音乐，特别爱听两三百名乐工用竽吹奏的乐曲。一位南郭先生不会吹竽，千方百计混进乐队里，每当大家表演时，他就学别人东摇西晃，有模有样地“吹奏”，好几年都没有露出破绽。宣王死后，继位的齐湣王也喜欢听竽，但他爱听独奏，要乐工一个个轮流吹奏。南郭先生知道混不下去了，只好收拾行李，溜之大吉。

这是成语“滥竽充数”的由来。滥竽为什么能充数呢？因为他混迹在一个团队里。在两三百个乐工中，像南郭这样毫无本事的恐怕很少，其他乐工应该是各有些本事，不过在集体演奏时，大部分人可能不像独奏时那样卖力，这是一种常见的人性，称为“社会惰化”。

拔河比赛可分两人单挑或团体对抗，心理学家用仪器测量不同类型比赛参赛者的拉力，结果显示，一人独拉时，平均出力六十三公斤；三人合拉时，平均出力五十三公斤半；八个人时是三十一公斤。换句话说，随着参与人数的增加，每个参与者使出的力量就跟着逐渐减少。排除其他成员干扰问题的呼喊实验也显示，单单“以为”有人和他一起呼喊，他就不会喊得比单独呼喊时那样大声。

亚里士多德曾说，“整体大于部分的总和”，它常被解释成“整体的力量大于个体力量的总和”，也就是 1+1>2；但它更重要的一个意思是“整体会出现个体所没有的新性质”，就像氯加钠变成氯化钠（盐），氯化钠具有氯和钠所没有的新性质。在人类社会里，整体的“新性质”也会改变个体，进而影响个体原有的表现，“社会惰化”就是集体工作时最常出现的新性质和问题，它使得 1+1<2。

这种成员越多，个人出力就越少，变得越懒惰的“社会惰化”现象，普遍见于缺乏个人奖惩的集体工作中。因为个人的努力在团体中被匿名化了，责任也被稀释化了，个人报酬与个人努力没有直接关系，基于好逸恶劳的人性，大家自然乐得轻松。

“团结就是力量”。但我们更应该知道，人性，使得很多“力量”在“团结”中消失了。

匿名效应 1：戴帽子进银行为什么被打？

如果没有人知道“你是谁”，你会表现出更坏的一面。

2006 年 12 月，昆明发生一起“戴帽子进银行存钱被保安打”的社会新闻：一名女士到银行存钱，银行保安看她进了门还戴着鸭舌帽，上前要求她脱帽，两人一言不合，竟至大打出手，然后相互指责对方的不是。为什么保安要储户脱帽呢？因为银监系统要求，储户到银行必须脱掉鸭舌帽、墨镜和头盔等。为什么要做此规定呢？因为以前就有人戴着鸭舌帽和墨镜在昆明抢劫银行得逞。那抢匪为什么要戴鸭舌帽和墨镜呢？当然是为了隐藏自己的庐山真面目。事实上，在 Google 键入“蒙面”和“银行”两个关键词，你可以找到二十万七千个相关网页，绝大多数是世界各地蒙面匪徒抢劫银行的新闻，而且很多匪徒至今仍逍遥法外。这也是在你进入银行时，保安会要你摘掉头盔、帽子、墨镜、口罩的原因。

抢匪为了掩饰身份，不想让人知道“他是谁”，所以才会戴墨镜或者蒙面。你虽然不是匪徒，但如果没有人知道“你是谁”，那你会做出什么事来？也许不会去抢银行，不过其他事就很难说。

以小孩为对象的实验显示：结伙同来、没有留下姓名住址的小孩，会比单独前来、留下姓名住址的小孩“多拿”糖果，而且还会“偷拿”钱。这表示如果没有人知道“你是谁”（结伙而来会使个人的身份变得更模糊），那么在小小年纪，我们就较容易做出不道德的事。

以女大学生为对象的实验显示：穿着同样实验衣、戴头罩、没有人知道“她是谁”的女大学生，会比穿标有姓名的衣服、露出头脸、在实验中经常被叫到名字的女大学生对实验对象施以较长时间的电击，而且不管对方是令人喜欢或厌恶，电击的时间都一再增加。这表示，如果没有人知道“我是谁”，那么不管事情是对是错，对方是好是坏，我们都会增加我们的攻击性。也许这正是在都市生活和群众运动里，攻击与破坏行动会大量增加的原因，因为置身其中的个人，都是一种“无名的存在”，没有人知道“他是谁”，他就可能变得比较危险。

并非只有蒙面才会有“匿名化”的效果，只要人家不认识你或认不出你，你就有潜在的危险性。所以，让人家看清楚一点，不仅可以减少对方的怀疑，还可以增加一些自我约束。

匿名效应2：王语嫣为什么会向段誉吐露心事？

匿名化能减少压抑，让我们从僵化的规范中解放出来。

《天龙八部》第四十五回，段誉在西夏被慕容复丢进暗无天日的枯井中，而王语嫣也因表哥慕容复想娶西夏公主而伤心欲绝，跳下枯井自尽。原本对段誉不甚理睬的王语嫣，居然让他抱在怀里，婉转吐露心事，“想到你对我的种种好处，实在又是伤心，又是后悔”，然后两人耳鬓厮磨，互许终身。王语嫣的转变当然跟她所爱恋的慕容复的绝情有关，但还有一个重要因素，那就是金庸所描写的“井中一片黑暗，相互间都瞧不见对方。王语嫣……满心浸在欢乐之中”。

人在黑暗中会“减少压抑”，说出平时不会说的话，做出平时不会做的事。实验显示：让两个“以后不会再见面”的陌生人（有男有女），在一个小房间里相处近一个小时，如果房间的灯光黯淡，那么有半数的人会彼此拥抱，89% 会触摸对方；事后，有很多人表示那种经验非常美好。但在灯光明亮的房间里，则除了谈话外，没有人有任何身体接触。“黑暗”所带来的并非都是坏事，热恋中的情侣喜欢到黑暗的地方去，主要的动机并非要做不可告人的事，而是在黑暗中他们能更勇于说出内心话，互诉衷曲。

在黑暗中，彼此看不清对方，这其实也是一种“匿名化”。匿名化对心理真正的影响是“减少压抑”，让我们从僵化的规范、价值解放出来，更自由自在地展露自我，表现出来的可能是比平常更坏的一面，但也可能是更好的一面。一个具体的例子是有很多人以“无名氏”捐出大笔善款，但如果要他表明真实身份，他可能就不会捐那么多。匿名化会暴露丑陋的自我，但也可以隐藏丑陋的自我。在《歌剧魅影》这出爱情悲剧里，魅影戴着面具就是为了隐藏他丑陋的容貌，而且只有在这样匿名化后，他才能尽情施展天赋的歌喉，高声欢唱。

其实，让不少人着迷的网络交友，其特征就是匿名化。在恍如化装舞会的网络世界里，人人可以用一个虚拟的面具隐藏自己真实的身份，不用担心对方对自己现实条件的评价，它能让人更勇于表达自己的看法或幻想。如果停留在这个阶段，也许相当美好；但如果以真实身份在现实世界里接触，则因此而大失所望，甚至受骗失身、破财，被杀害的也时有所闻，这都是忘了“摘下面具”也会让人暴露他丑陋的人性。

公用地悲剧：雷峰塔为什么会倒塌？

我们常因追逐个人的利益，而导致集体的灾难。

1924 年 9 月，杭州西湖边的雷峰塔终于倒塌了。千年古迹的灰飞烟灭让人惋惜，但更让人怅然的是雷峰塔的倒塌并非风侵雨蚀这个自然因素，而是鲁迅在《再论雷峰塔的倒掉》一文里说的：“乡下人迷信那塔砖放在自己的家中，凡事都必平安，如意，逢凶化吉，于是这个也挖，那个也挖，挖之久久，便倒了。”他因而感叹：“仅因目前极小的自利，也肯对于完整的大物暗暗地加一个创伤。”

鲁迅的感叹，正是生态学家哈丁所说“公用地悲剧”。哈丁举了一个例子：假设有一片草原可以养活五十头羊，草原附近有五十个人，如果每人都养一头羊，供需平衡，草原和牧羊就能永续存在。但如果有一个人想获得更多利益而养了两头羊，其他人不甘受损也养更多的羊，那不消多久，多出来的羊就会吃光草原上的草，草原变成荒地。结果，为了追逐个人的利益，却导致集体的灾难，这就是“公用地悲剧”。

心理学家艾德尼做过一个具体而微的实验：在几个大学生面前摆一个盛有十个金属球的碗，告诉他们，每个人可任意拿碗中的金属球，而每隔十秒钟，碗中所剩的金属球就会加倍；如此反复进行，最后拿到最多金属球的人就获胜。最合乎集体利益的做法应该是开始时大家尽量少拿甚至不拿，等金属球加倍到相当多的数量后再拿。但实际结果如何？多数的实验组都是一开始就有人抢着拿，其他人也立刻跟进，而且拿得更多，结果不到十秒钟，绝大多数的碗中都已经空空如也！

这就是人性的具体展现。当集体利益与个人利益发生冲突时，人总是一面倒地偏向个人利益，结果反而带来集体的灾难。研究及实际调查显示，当掠夺公用地的个人或团体越多时，剥削的情形就会越严重（譬如过去的猎鲸行为）。

要想避免这种因人性而来的短视和悲剧，需情理法三管齐下：在情方面，要增加彼此的认同感，“我们只有一个雷峰塔”“我们只有一个地球”“我们是一体”的认知可以抑制个人私欲；在理方面，要人人深刻体认“追逐个人利益终将带来集体灾难”的道理；在法方面，订立公平、合理分配资源，共享与共管的公约，对支持者给予奖励，而对违规者立刻施以惩罚。

破窗效应：禁倒垃圾牌下为什么堆满垃圾？

一个小破坏若不及时处理，会引来更大、更多的破坏。

都市里常可见到一个特殊的景观：在某个竖立“禁倒垃圾”告示牌的空地上堆满了垃圾，显得相当讽刺。它通常是所谓“破窗效应”的杰作，但“垃圾”和“窗户”有什么关系呢？这就要从人性说起。

心理学家津巴多曾做过如下实验：将两辆外观相同的汽车停在类似环境的街道旁，一辆摘去车牌、掀开引擎盖、车窗全部打开；另一辆则像其他停在路边的车子，保持原样不动。结果在三天内，打开车窗的那辆车被破坏得面目全非，而另一辆车则保持完好。接下来，津巴多打破保持完好的那辆车的一个车窗，结果不到一天，其他车窗也都被打破了，车上值钱的东西（空调、音响、轮胎、雨刷等）也都全部被拔走。

这是“破窗效应”的原始含义：一个较小的破坏迹象会

引发人们更大、更多的破坏行动。犯罪学家威尔森将它延伸为：如果有人打破一栋建筑物的一扇窗户，这扇破窗若未实时修复，路人会认为该地区没人管，于是受到暗示性的纵容而去打破另一扇窗户，因此引发更多人去打破更多的窗户，结果就从这栋大楼蔓延到整条街，甚至扩散到邻近的其他街道。

“禁倒垃圾”的告示牌下会堆满垃圾的原因也如出一辙：当有人破坏禁令丢下第一包垃圾后，如果没有受到告示牌上写的“违者究办”，垃圾也未立刻清除，那么很快就会有更多人在同一个地方丢下更多的垃圾，乱倒的垃圾就跟被打破的窗户一样，因为没人管而终至不可收拾。

纽约市的脏乱和治安败坏举世闻名，布莱登在 1994 年接任纽约市警察局长后，大力取缔洗车流氓、街头涂鸦客和地铁逃票乘客，有人嘲笑他在老虎横行的地方拍苍蝇，但事实证明，在小处着手雷厉风行几个月后，刁民了解到市警察局的决心，犯罪环节被打破，纽约市容不仅变干净了，治安也随之改善，布莱登说他的灵感就是来自“破窗理论”。

星星之火，可以燎原。其实，这也是古人所说的“防微杜渐”。每个社会或公司都有它的破窗，若不实时处理，就会有更多市民违法乱纪，让社会陷入混乱；更多员工有样学样，让公司百孔千疮。每个人也都有他的破窗，若不实时修复，就会有更多人来破坏你的名声、侵犯你的权益，让你任人践踏。

二手资料效应：曹操为什么变成了大白脸？

认知架构越简单，看法就会越黑白分明、越极端。

在京剧里，曹操的扮相是个大白脸，大白脸表示他是一个大奸臣。真正的曹操相当复杂，不是“奸臣”两个字所能概括，但在小说戏曲里，他却被描绘得越来越奸诈恶毒。在《三国演义》里，他的形象已经变得很糟，后来的戏曲及评弹则更进一步丑化曹操，无中生有地让他说出“顺我者昌，逆我者亡”这种话，而且在《徐母骂曹》中更借徐庶母亲之口骂他“种种奸谋，彰明昭著。世之三尺童子，未有不想杀尔之头，食尔之肉，割尔之心，碎尔之骨！”难怪乡下野台戏的观众看了会义愤填膺，而忍不住跳上台将扮演曹操的戏子痛揍一顿。

曹操被定位成“奸臣”，可能是由于过去统治者的需要。但曹操的逐步被丑化以及看戏观众的反应，则是来自所谓的“二手资料效应”。心理学的研究显示，当我们只从别人处获得有关某人的讯息时，我们对他的印象反而会比熟识他的人更黑白分明，把白的看得更白，黑的看得更黑，这就叫“二手资料效应”。获得第二手资料的人如果再将这个讯息转述给第三者听，那么第三手资料又会把白的看得更加白，黑的看得更加黑。大多数人跟曹操根本就素未谋面，都是在看了或听了关于曹操的资料后，然后再加以改写和转述的，而在这个过程中，原本只有“三分奸”的曹操就变成了“十分奸”。

另外，我们在看问题或看人时，需要有一个内在的认知架构。这个认知架构来自经验，你的相关经验越少，认知架构就越简单，你对问题和人的评断就会越黑白分明，也越肤浅。譬如一个乡下人对曹操的唯一认识是“他是个奸臣”，当他看到戏台上的曹操如何“大言不惭”地“迫害忠良”时，他立刻义愤填膺，觉得曹操真是“十恶不赦”，于是忍不住上台去痛揍“曹操”。为什么会如此？因为他看到的演出是他认知架构里用来评断曹操唯一的一笔资料，所以难怪他的情绪会那么激动。他甚至还会认为自己的看法很正确，但这种激动与正确感，其实是来自肤浅与无知。

哲学家罗素说：“一个人情绪高昂的程度和他对事实的认识成反比，知道得越少就越狂热。”人就是这样，距离越远，却认为自己看得越清楚；越无知，却觉得自己知道很多；越浅薄，就越偏激。

烫火炉原则：王熙凤为什么严惩宁国府仆妇？

违犯而受到惩罚的概率若不高，那就形同鼓励。

《红楼梦》第十四回，王熙凤在协理宁国府秦可卿之丧时，充分施展了她的管理才能，满足了权力欲望，她先召集宁国府仆妇，将众人分班管事，职责分明，并强调会严加考核，不容蒙混，“错我半点儿，管不得谁是有脸的，谁是没脸的，一例清白处治”。过没几天，查点人数时发现一人未到，即令传来，那人惶恐辩解：“求奶奶饶过初次！”王熙凤却说“本来要饶你，只是我头一次宽了，下次就难管别人了”。登时放下脸来，命“带出去打他二十板子！”在拉出去照数打了后，“于是宁府中人才知凤姐厉害，自此，俱各兢兢业业，不敢偷安”。

惩罚是一种负面刺激，也就是当对方出现不被认可的行为时，给予让他感到不快的刺激（惩罚），以避免他（及他人）再产生类似的行为。虽然说“奖励比惩罚有效”，但惩罚仍是维系一个国家、社会、公司、学校、家庭良好运作的必要手段。但惩罚并非越多、越严厉越好，重要的是要有效，王熙凤的严惩宁国府仆妇，生动地为我们呈现了有效惩罚的“烫火炉原则”：1. 百分百受罚，只要碰到就一定被烫；2. 一视同仁，不管是谁来碰一定被烫；3. 及时原则，现在碰现在就被烫；4. 雷厉风行，一碰到就痛得要命，而不是慢慢加痛；5. 不殃及无辜，手碰到就手痛，不会拖累到脚或肚子。

其实，这些“烫火炉原则”也是心理学家帕克和麦克米兰等人分析有关惩罚的研究文献后，所得到有效惩罚的结论。烫火炉的惩罚方式非常理想（所以没有人会故意去碰它），但现实社会里的惩罚却无法让违犯者百分百受罚，譬如小偷并不见得每次都被抓，惩罚的有效性就会大打折扣。因为违反法律或规范总是能带给当事者一些好处，所以有些研究显示，如果违法受罚的概率低于三成，那这种惩罚就会失去遏止的效力。但这也要看惩罚的事项而定，譬如为了遏阻随地吐痰的陋习，北京市祭出“最高罚款五十元”的新规定，但有人就从经济学的角度去计算，如果一年只被惩罚五次，那还是比每次都自备面巾纸包痰要划算而且省事得多（当然，在公共场所提供“纳痰袋”及广设垃圾桶也会有些效果）。

惩罚是必需的，只是每个人也都在看，看看你所说的惩罚到底是烫火炉呢还是温水袋，然后再决定怎么应对。

权力效应：朱元璋为什么会诛杀功臣？

权力不只让人腐化，权力还会让人的心理和行为变样。

朱元璋在打天下的时候，除了骁勇善战、慎谋能断外，他的仁慈宽厚也使得四方归心，乐于为他所用。但在当了皇帝后，他却慢慢显露残酷、霸道的一面，特别是在诛杀功臣这件事上。“胡惟庸案”与“蓝玉案”这两个大案，被牵连的有数万人，几乎把当年跟他打天下的将领都杀得精光，其血腥程度在历史上可说绝无仅有。朱元璋为什么会这样做？有的说那些功臣确有不知检点之处，有的说是朱元璋老来多疑猜忌，有的说是他出身微贱的自卑心理在作怪，有的说他是在为柔弱的接班人扫除障碍……说法很多，但最重要、最直接而且最明确的原因是“他现在是皇帝”，他拥有可以为所欲为的权力。

心理学家津巴多曾在斯坦福大学心理系的地下室做过一个“模拟监狱”实验，由六名男大学生扮演“看守”的角色，让他们穿制服、带警棍，根据一套监狱管理规则赋予他们维持秩序的权力；另六名男大学生则扮演“囚犯”，穿囚衣、戴镣铐，失去个别身份，只以号码称呼，并被关入模拟的“牢房”中。仅花一天时间，双方就完全进入状态。但很快地，看守们越来越扩张自己的权力，超越正常的界线，想出多种“酷刑”去惩罚“不听话”的囚犯，甚至出现类似虐待狂的行为。而囚犯们则在不人道的对待下，一个个出现忧郁、愤怒、冷漠等心理症状。原本预计进行两个星期的实验，因为出现这种出乎意料的现象，而不得不提前终止。

主持实验的津巴多说：“我们所看到的一切，让人胆战心惊。在实验里，大多数人的确变成了‘囚犯’和‘看守’，不再能够清楚地区分角色扮演和真正的自我。”平常看起来既斯文又善良的大学生，一旦拥有了“权力”，很可能就会露出连他自己都不知道的、残酷而霸道的一面。这个实验告诉我们，一个人角色和地位的改变，特别是拥有权力的多寡，会对他的心理和行为产生巨大的影响。

朱元璋在打天下时的宽厚仁慈，无法保证他得天下后会继续宽厚仁慈，因为他的角色、地位和权力都改变了。当然，并非每个获得权力的人都会如此，但改变的比例相当高。至于你自己，先不要大声斥责朱元璋的残酷血腥，因为如果你拥有跟他一样的地位和权力，那你很可能会跟他一样，或者更坏。

虚实相乱：秦王为什么驱逐公孙衍？

话里有真有假，而且先真后假，会让人被误导。

《战国策》有如下一段记载：甘茂当秦国宰相时，秦王很喜欢公孙衍，有一次私下对公孙衍说："寡人将任命你当宰相。"这段话被甘茂的一个部属偷听到了，转告给甘茂。甘茂于是入宫拜见秦王，说："恭喜大王将得到一位贤相，我特来道贺。"秦王有点心虚地说："寡人将国事都托付给你，哪里还需要什么贤相呢？"甘茂说："大王您不是要任命公孙衍当宰相了吗？"秦王一听，心里一惊，忙问："你是听谁说的？"甘茂回答："是公孙衍自己说的啊！"秦王于是对公孙衍的泄密感到极为愤怒，就将他驱逐了。

很多谈论"智谋"的书都会提到这个故事，甘茂的智谋其实是在利用人性的弱点。甘茂对秦王所说的话有一半是真话、一半是假话，虚中有实，实中有虚，这正是所有高明谎言的特点。我们在判断他人及其言行时，会有明显的"一致性需求”，也就是倾向于认为对方要么就是“诚实”，不然就是“说谎”，而不会认为对方是“既诚实又说谎”；同样的，他说的一席话若非“真话”，就是“假话”，而不太可能“既真又假”。在判断真假时，如果我们确定某些话是真的，那么其他话也很可能被认为是真的；如果有八句真话，那么其他两句假话就更可能被认为是真的。甘茂对秦王所说的“大王您不是要任命公孙衍当宰相了吗？”确实是真话，基于“一致性需求”，秦王就会认为甘茂所说的都是真的。

让人将假话误判为真话，除了正确性和比例外，还有先后顺序的问题。真假参半的一席话，先说真话再说假话，较容易被认为都是真话；但若先说假话再说真话，则较容易被认为都是假话，这是我们前面提过的“先入为主效应”。甘茂后面那句“是公孙衍自己说的啊！”其实是假的，但因为受到前面那句真话的影响，而也被秦王认为是真话，结果就决定了公孙衍的命运。如果甘茂先说“公孙衍说他要当宰相了”，然后再说“听说这是大王的主意”，那效果就会差很多。

假话不太容易让人相信，但掺了真话的假话不仅容易让人相信，甚至比都是真话更让人相信，而且更动听。也许你不想用这种方法去蒙骗他人，但你总该知道别人会如何利用你的人性弱点，虚实相乱，先真后假，让你做出错误的判断。

音乐效应：超市为什么播放慢节奏音乐？

很多场合里的背景音乐，正对我们进行无形的操控。

到超级市场购物几乎是每个现代都市人都有的经验，但你可能没有注意到，大部分的超市在大部分的时间都会播放音乐；即使你注意到了，你可能也没去注意听那是什么音乐。它们叫“背景音乐”，会神不知鬼不觉地影响你的购物行为。美国市场学教授米利曼曾研究不同音乐对超市人潮流动与销售量的影响，结果发现，慢节奏的音乐可以使顾客放慢脚步，并增加销售量，销售金额比播放快节奏音乐时增加 38%。

大家都知道，噪音会影响我们的心情和表现，晚近则偏向悦耳声音（音乐）的研究，因为它们常有意地被用来影响我们的情绪，改变我们的行为，超市以不同节奏的音乐来影响购物行为只是其中之一。

动物实验显示，轻松的音乐可以增加乳牛的泌乳量及母鸡的生蛋次数。医院的研究显示，在病房、手术室、牙科门诊播放古典音乐，可以减少病人的焦虑和恐惧，还具有止痛效果；而在精神科里，调和病人情绪的音乐疗法更是行之有年。而现在更引人注意的则是在超市、餐厅、办公室、工人播放的“背景音乐”，它们经过专家特别设计，以诱导出某种特殊行为为目的，除了超市外，餐厅也经常播放这种音乐，譬如在晚餐时刻，播放慢节奏的音乐可以延长用餐时间，增加等候客人的耐心；但在午餐时刻，讲求快速的人潮流动，此时就需要播放活泼、快节奏的音乐。

当然，使用最多的是在办公室和工人播放的，以减少工作压力、厌烦、疲倦，增加工作效率为目的的音乐。有一种“缪扎克背景音乐”以十五分钟为一节，每节以弦乐为主的慢节奏曲开始，然后变成节奏逐渐加快的大众化乐曲；在每节结束时，有两分钟的休止（空当）时间，然后再开始下一节音乐。而每天还有两次“音乐高潮”，分别在早上十点半和下午三点半，因为这两个时段是员工工作到半途，开始消沉，但离午餐和下班还有一半时间的尴尬时刻，所以在十点十五分和三点十五分特别播放能增加员工肾上腺素流量的快节奏音乐，好“振奋人心”，提高他们的工作情绪和效率。

当音乐成为环境的一部分时，我们就难以察觉它对我们的影响，但其实我们正受到他人无形的操控。